职场那些事儿·①

ZHI CHANG NA XIE SHI ER·①

杨斌◎著

企业管理出版社
ENTERPRISE MANAGEMENT PUBLISHING HOUSE

【序言】

用智慧行走职场

我们常听到职场人士发出这样的感慨：同在一个公司，同样的岗位，为什么有的人总是业绩更好、薪资更高，更能获得公司的信任？在回答这个问题之前，我们先看看下面这个案例。

“波，这次的业绩，你是不是又排在最后？”

“经理，情况是这样的，我以为只要向客户多介绍产品的性能，他们就会购买。但是，卖同类产品的太多，很多客户都已买别家的了。”

“你尝试过多找一些方法去说服客户吗？”

“我当然尝试了，可我运气太差，总是碰到这样的客户。所以，成交的很少，实在是没办法。”

没等经理再问，波又列举了自己是如何挤时间“做单”，甚至耽误了自己找女朋友，等等。

…………

诸如上面“波”的现象在职场中随处可见，他们有学历，很聪明，但业绩总是不尽人意，职业道路走得很坎坷。究其原因，就在于还没找到职场的制胜之道。

十多年前，我也同现在初入职场的大多数年轻人一样——毕业后“两手空空”走上工作岗位。我从基层岗位做起，历任秘书、助理、副总经理、总经理、副总裁、合伙人，走完了职业经理人要走的所有阶段，走到了职业生涯的顶端。看到了很多，感慨也不少。每当看到职场人士在迷茫中艰难跋涉、搞错方向、走了弯路时，看到企业管理者为管理企业和带好团队而头痛时，我强烈地意识到：现在的职场人士太需要接地气的实战引导了。正因如此，我撰写了这套以“职场智慧”为论述核心的系列书籍，希望能帮助更多的职场人士和管理者尽快地走出误区。

本书是我撰写的“职场那些事儿”系列图书的第一本，全书共分五部分，每部分有数篇文章，围绕着平台、关系、态度、技法、成长等方面展开论述。为了接地气，文章中的小故事都是选取职场原生态的身边事。通过对小故事的剖析与点评，具体地给出了解决类似问题的方式、方法。期待：无论是正准备步入职场的大学生，还是已经蹒跚在职场天地里的工薪族，或者是驰骋商界已有建树的“老兵”，都能够从小故事中得到启发，在点评中找到答案；也期待企业的各级管理者以此作为了解员工的窗口，找到领导导向和领导智慧。

职场需要智慧，带着智慧行走职场，你将不再迷茫和困惑！

2017年5月

目录

第二章
淡定前行

第三章
自然而真实

第四章 技高心细

第五章

心向远方

第一章

搭建平台

职场如戏，除了演技，还要有舞台。

年轻就是资本。
青春演义，
演义青春，
用生命撰写诗篇，
让岁月记录故事。

不要错把平台当本事

十

演出需戏台，人生要平台。登台献艺，精彩纷呈，掌声雷动，鲜花簇拥。切莫忘记脚下的舞台。人生犹如演出，平台的力量不可忽视。

H公司位于长三角的一个大城市，多年来，H公司的业绩一直稳中有进。尤其是近两年来，他们的业绩骄人，不断刷新着业界的各种荣誉记录。

H公司的CEO兼执行主席多次公开表示，业务方面的成绩主要归功于公司主抓业务的副总经理李君。事实也正是如此，H公司从初创到成功上市，从最初的五十万元创业资本直到现在市值五十亿元，在不断地壮大、成长。李君在公司提供的这个平台上，从最初的业务员到业务组长，再到副总经理，最终成了公司的元老级人物。

后来，有一段时间，李君有些麻烦缠身。因为孩子多，家人常年有病，李君的家庭负担就有些重，尤其是孩子要出国留学急需一大笔钱。李君有几次试着与公司沟通，希望公司能给他多涨点工资，但公司表示是按标准给的，不好破例。李君很不满，于是，散布流言，说公司对不起他——自己是立下大功的，但既没高薪也没股份等。

后来，李君就见谁都没好脾气。可想而知，他的业务也不同程度地受到了影响。恰好这时，一家略小的同行企业看到了H公司的崛起，了解到李君的业务能力和情况后，打算重金聘请他。李君面对熟悉的环境和人员，起初也不想离开。当对方许诺给他现在月薪的三倍工资及部分股份时，犹豫再三，李君最终离开了H公司。

来到新公司，李君发现一切并非自己想象的那样。市场环境也不是当时的情况了，他感觉很孤立，才华难以施展。原来在H公司的经验和方法在新公司一点也用不上。李君工作不到一年，心力交瘁，勉强又奋战了一段时间，就再也待不下去了，只能离职走人。

正如许多的企业发展一样，上文案例中的H公司也是靠业务赢得市场，进而跻身行业前列的。可以想见，其创业之初的艰辛和不易。而这些汗水甚至泪水，只有开创者才知里面的甘苦与辛酸。正如H公司的CEO兼执行主席多次公开表示的那样，业务方面的成绩主要归功于李君，公司当然也会按照相应标准给他相应的待遇。

H 公司全力为李君搭建平台，李君全心为公司创造业绩。这本是一个完美的创业故事，但后来李君的行为却破坏了它的美好。

的确，李君家庭困难，曾多次向公司提出加薪等请求。在被拒绝后，李君以怨报恩，做出种种伤害 H 公司的事情，自毁工作平台。最后，李君被另一家公司高薪聘请走，给了 H 公司重创。但是，李君到了新公司一切并不如意，空间受限，人员生疏，很难在此创造新的业绩。最后，他只好离职走人。

那么，李君何以沦落至此呢？

首先，李君没好好掂掂自己的分量：企业从五十万元创业资本到五十亿元市值，确实是在李君的带领下做到的，但不能说没有其他人的功劳。这本来就不是一个人的功劳，它凝聚了很多人甚至是成千上万人的辛勤汗水，它是整个企业团队的业绩。不要太过于高估自己的分量，指望一个人，即使是块铁，能打几根钉？

企业创始人制定战略方向，寻找资金，处理关系，搭建了企业这个平台，承担了巨大的风险。没有他运作的庞大资金，没有他的果断决策，不要说五十亿元，一亿元可能都不会有。

再进一步讲，团队、企业创始人的作用可以忽略不计，但 H 公司能做大至少还有那时的市场环境、经济形势等起的重大作用。说白了，是企业赶上了好时候，轻松做成了。这不全是企业创始人的能力，也绝非是哪个人的能力，而是形势所致。

其次，李君没弄清楚促其成事的环境：当时的平台能成事，不假。但现在再换一个环境，换一个平台，团队不是以前的团队了，陌生的人际圈里，就很难默契配合。没了这些，就没有战斗力。而且，新换的公司，企业文化与之前公司的企业文化肯定不一样。你优秀只是过去时，现如今，时过境迁，时移世易，多少优秀的企业家都一筹莫展，而那些过时的方式、方法能否派上用场还很难说。

不要放大自己，忽视了平台的力量。有了平台，你才能在上面跳舞。没了这个场地，或把平台一拆，你可能会摔得粉身碎骨、一文不值。

电视剧《乔家大院》里，孙茂才落魄至行乞，后投奔乔家，为乔家的生意立下了汗马功劳，享有一定地位，但因私欲被赶出乔家。后来，孙茂才又想投奔对手钱家，钱家对孙茂才说了一句话，让人记忆犹新：不是你成就了乔家的生意，而是乔家的生意成就了你！最终，孙茂才再次陷入落魄的境地。

没有别人提供的平台，哪有你的今天，不要总想着你的付出而无视了别人给你的舞台。

不要以为领导会忘记自己说过的话

十

掩耳盗铃愚蠢可笑，自欺欺人自食其果。领导说的话，安排的工作，并非不过脑子，可能你会忘记，领导却在等待结果。

位于某一线城市的S公司研发的某软件在市场上销售的效益一直不错，但近期不知什么原因，老客户有些报怨，以至于流失不少客户。

某天下午，S公司的总经理和技术部的人闲聊已投放市场的这款软件，把出现的两个问题提了出来。之后，总经理在去洗手间的过道里遇到路山，随即就把第一个问题交给他去解决。回自己办公室的路上，总经理刚好与千莫走在一起，顺便就把第二个问题交给他去解决。

之后，聪明、能干的千莫出差去了外地，而诚实、认真的路山也被外派到基层处理事情去了。

一个月后，他们两人都已回到公司。还是在下午茶时间，总经理来到他们中间，又聊起那款亟待改进的软件的事情。

千莫一听头都大了，本以为总经理只是说说而已，这段时间忙出差、开会，根本没想去做。再说难度也大，他还认为是要成立攻关组来改进问题呢。他想领导只是说说而已，就心存侥幸，想蒙混过关的，但不想总经理根本就没忘记，现在追问此事，千莫只好承认自己没做。

这时，技术部门经理对总经理说："该款软件的改进版已于昨天调试完毕，是路山在外派到基层时，白天处理完事情，连着半个月时间加班熬夜攻克的。我们还担心您忘记了，正准备给您汇报呢。"说完将这款软件的详细材料递给总经理。

总经理边看边向路山详细询问情况。不善表达的路山如实告知了这款软件的改进细节和目前的运行状况，并指出本公司与此相类似的其他一款产品也需要完善。总经理听罢，欣赏地点点头。

在之后的一个公司会议上，总经理表扬了路山，并给予其嘉奖。同时也对千莫敷衍了事的作风进行了不点名的批评。

此后不久，路山被提拔为技术部门经理。成了路山下属的千莫心里很不服气，没多久，就离职了。

在上文案例中，千莫以为会议上安排的才是重要事情，有各部门分工，有会议记录。而闲聊时间，公司总经理只是与同事闲聊，像我们普通人一样，有些事说说也就过去了。或者是想蒙混过关，更甚至心存侥幸："这偶尔很随便的只言片语，领导不一定当真,过后也会忘记的,说不定以后又让谁去做呢。"错误的认识决定错误的行动，本来聪明能干、颇得领导信任的千莫，却因错误地以为领导随便说过的话会忘记，结果受到批评，失去了信任，自毁了前程。

正确的认识一定得出正确的结果。对于领导安排过的事，即便是随便说说的工作，诚实、正直的路山记在心里。虽然被外派到基层去了，但他白天处理完工作，连着十多天熬夜加班攻克了难关。路山刚刚做好软件并调试运行成功时，总经理就问起这件事。说明总经理即使是在一个闲聊的私下场合，对自己说过的事、安排过的工作也是认真的，根本就不可能忘记。

对于领导说过的话，尤其是工作上的事情，千万不可自欺欺人地认为领导只是说说而已。领导是一家企业的掌舵人，他们大多都是从最低层奋斗过来的，是一步步走到今天的。他们把事业、工作视为自己的子女一样，怎么可能对其儿戏呢？有时可能是场地局限，或者是为了效率，他们会随时随地安排工作。但是，往往这样吩咐的工作可能要比大会上"假、大、空"安排的还要实际，还要直接，甚至更加重要。作为下属，怎么可以误判，竟然以为领导会忘记自己说过的话呢？这可不是"难得糊涂"的时候，如果下属误以为领导可能会忘记自己说过的话，那自己就真的是"糊涂虫"了。

认真做好每件事，努力过好每一天。在职场上，千万不要以为领导随便说的话过后就会忘记。恰恰相反，说不定这就是在考验你呢。

事事请示，误了大事

十

将在外，君命有所不受。事事请示，少了担当，误了大事；也少了机会，误了自己。当断不断，反受其乱；坐失良机，功败垂成。

新年伊始，各品牌都吹响了春季开工的“冲锋号角”，积极筹划市场布局。

A公司是一家以业务为导向的大公司，区域经理Ben负责新年开工后某市的区域营销活动。老实本分的他在公司的口碑不错。作为负责此事的区域经理，他当然知道这个年初的规划意义重大，所以，每件事情都做得非常认真。

首先是筹备阶段，年前的时候，Ben就请示业务经理，拟定出初步计划。修改计划时又找业务经理反复请示，最终才确定下来。

之后，A公司的本次营销活动进入实施阶段，关于宣传的内容、时间和形式等，因具体情况有变，Ben又通过电话或网络找业务经理请示。这样一来，营销活动过了半个月才实施。此次营销活动阵容不小，市面上的广告铺天盖地，效果不错。

与A公司经营同类产品的小企业B公司，在得到A公司拓展市场的消息后，迫于无奈，也只得做出相应的跟进，但规模要小得多。

转眼到了春末，A公司的营销活动进入关键的奖品兑现阶段。因原定的那款奖品市场上量少，一时采购不齐，Ben照例请示业务经理。这时，业务经理出国考察，无法取得联系。得不到明确指示，A公司的活动暂时停了下来。

B公司获知A公司活动停滞后，立马加大宣传力度。短短一周，B公司的宣传声势达到了空前的高度，迅速占领了市场。就在Ben向业务经理请示如何办的时候，B公司以“短、平、快”的打法，扭转局面，转败为胜，赢得了市场份额。

在上文案例中，A公司规模大，整个活动前期的统筹和安排科学、合理。但因区域经理Ben的“事事请示”贻误了时机，最后关头输给了规模小的B公司。对于这种“事事请示”的情况，我们称之为“请示病”。患“请示病”的原因有二：一是不愿自己承担责任，就把“矛盾和责任上交”，如果出现什么问题，就有了借口——“你看，是领导安排的，责任不在我”；二是现代通信工具极其便捷，微信、QQ、视频等，大大方便了工作时的沟通，因此，有些人就有了依赖心理，既然方便，就事事请示。在工作中，这两种因素相互交织，更加助长了“请示病”，就像案例中A公司的Ben一样，明白人一眼就能看出他是两种病因的复合型患者，是标准的复合型“请示病”。

在“请示病”里，最厉害、最要命的是第一个病因：推卸责任。就如案例中的A公司，整个营销活动已顺利进行了两个阶段，虽然在第三个阶段暂停下来是有原因的，但这个困难不是不可以克服。是不是可以选择采购同价位的奖品替代？区域经理Ben不想承担责任，依然用老办法：请示。看似“小心驶得万年船”，每走一步就请示，稳稳当当，出不了什么问题。可关键时刻就翻了船，整个活动因此戛然而止。要知道，商场如战场，胜败乃一瞬间之事，战机不可失去。B公司规模小，但决策迅速。结果，采取“短、平、快”的打法，反超上来，败中取胜。换句话说，B公司应该感谢A公司任用患了“请示病”的区域经理Ben。

古语说“将在外，君命有所不受”，是说将领远征在外可以应急作战，不必事先请战或等待君主的命令再战（如再请命，怕是贻误战机）。还有一层意思是，将士在外随机应战，在某些情况下可以不遵守君王的命令。

言归正传，如果A公司的区域经理Ben不患“请示病”，用一种更积极的方式快速解决问题，那又何至于功败垂成呢？把范围再扩大一些来说，这种事事请示就是不尊重领导，不把公司利益放在首位。如果Ben在最后关头运用自己区域经理的权力，当机立断，处理好奖品问题，自然是活动圆满。拿效益说话，这样做不就是对公司和领导的最大负责吗？

在职场中，只要没有二心，应时刻把公司利益放在首位，遇事该怎么办就怎么办。真正尊重领导的表现是：合理请示，远离“请示病”。

职位要可驾驭才能坐得舒服

十

工作犹如开车，有着 A 照的人开小车绰绰有余，坐车的人心里也踏实。你让拥有 C 照的人去开大型客运车，能安全吗？开车的不安心，坐车的更担心。

希韦是刚来某家公司的总监，他之前曾在一家公司任部门经理，能说会道的他在表现自己时往往比别人更胜一筹。但是，这次希韦感到工作的压力很大。原因是职位履新，级别是升了，但因对具体的工作情况还不是很了解，只能加班加点。他感觉很吃力，有很多事情做起来艰难。

前半个月，希韦的工作量还行。接下来的后半个月，效率慢下来，他就觉得有干不完的事情，整日处于很疲倦的状态。

进入新公司的第二个月，希韦就开始吃不好、睡不好。他经常眼望天花板到天明，早上起来不但不感觉有精神，反而觉得比昨天还累：脑袋沉、眼睛痛，总想着万一做不好，还要再找工作。

第三个月时，公司总经理安排希韦做一个对现有市场的分析报告，结果他做成了新市场的可行性分析报告。累了三天搞出来的文件完全没用，不但没有得到表扬，反而挨了顿批评。之后，希韦的心情更加压抑了。

试用期满以后，希韦的工作还是不能得心应手。在一次安排各销售大区的业绩评比活动时，由于他没有详细地制订评比标准，各参评的销售团队争执不下，各拿各的标准，结果无法确定名次，这就造成活动成效不好且无法排名的混乱局面，致使几个销售骨干员工因此而辞职，给公司造成巨大的损失。

公司总经理找希韦谈了一次话，让他细致地做工作，不能再出现负面事件了。这样一来，他的压力更大了。

这之后，希韦去医院找心理医生，治疗了几次，他的精神状况才稍有好转。但临近年底时，各项任务的重压又让希韦感到痛不欲生，甚至有两次出现精神错乱的情况，把同事都给吓到了。

…………

不得已，公司辞退了希韦。

在上文案例中，希韦在上一家公司做部门经理，能力刚好，工作业绩也不错。他跳槽到下一家公司后，职位升了，却因为能力有限，遭受一番煎熬，最终还是被公司解雇了。像希韦这样的聪明人，他的能力在原职位——部门经理上是能够胜任的。在这个位子上，他轻松自在，做出了业绩。而一旦转换到高一级别的位子，头顶就触到了天花板，不仅没做出业绩，还痛苦万分。这些都是能力不够所致，越是做不好，越是经常加班。最后，身体出了毛病，整个人也变得郁郁寡欢。这样，成绩出不来，身体也搞坏了。这就说明：希韦没驾驭这个职位的能力。

企业中，职位犹如金字塔，越往上就越少，做起来越难，越就要求有足够能力的人来驾驭。在你原来所处的职位看来，只是这一级，可能不会有太大的差别和太多的困难。但事实上，你要知道，就这一级之差，已完全改变了你的工作范围和职责。“原来精的现在未必能熟”，连熟悉都不能做到，又怎能创造性地努力工作和取得业绩呢？这种情况下，受罪是自然的事情。虽然古语有“天将降大任于斯人也，必先苦其心志，劳其筋骨，饿其体肤，空乏其身”之说，但这是一种善意的劝勉，是一种鼓励。你不能就主观想象：原来在那个职位上就做得那么好了，说明我在所有的职位上都能干好。遇到挫折，想办法就能努力克服的。

在职场上，各个职位都是具体细化到各个工作环节中的，如果你的能力和职位相差太远，就是累死也达不成目标，结果必然害己误人。这说明我们还是量力而行、适可而止为好。反过来讲，如果你的能力接近那个稍高的位子，这是最好的时机，千万不可错过。这时，你就要抓紧时间“充电”，多多创造条件，加大自己的职业竞争优势，为自己的晋升之路增加筹码。在充分的条件和积极的心态下，才不至于在职业生涯发展中陷入迷茫，也就不会产生焦虑。一旦这关键的一步通过了，也就通过了职业瓶颈，就寻找到了适合自己的职场发展之路。这样的结果，自然也就创造了更多价值，带来了更多乐趣。

职场中，职位可以驾驭才能坐得舒服，硬撑也完不成的话，于己于人都不利。

职场挑战者

十

寒来暑往，自然交替；推陈出新，自然迭代。同处职场，各显神通。位者，能者居之。敢于挑战值得称赞，但鲁莽必定惨败，“大侠”就会变成“大虾”。

接到老同学俊的信息，约晚上去喝啤酒，明就在下班后驱车往地点而去。

开着车，明脑子里回忆起这位老同学来：最能体现俊同学特点的，是一次自荐组长的事情。还是在小学时，俊聪明好学，各科成绩优异。因为俊是插班进来的，班级的班长、组长都有了，可俊感觉自己比组长优秀，就在一次考了好成绩时，在班会上提出要当组长。温和、慈爱的老师觉得这个同学很可爱，就扩编了班组，把原组长调到一个新组去了，满足了俊的愿望……

一会儿工夫，明就到了。俊把他引到里面一个安静的角落里，二人吃着喝着，就聊起来。俊告诉老同学，他的上司部门经理是一个平庸之人，技术能力不行，人缘倒不错，枉占着经理的位置。他感觉自己的能力和业绩都比经理强很多，这个职位理应由他来坐。

明听罢，告诉俊：职场不比学校，有些事情复杂得多，要全面考虑，鲁莽了要吃亏的。二人谈不拢，没喝几杯，就散了。

和明聚会后，俊越来越感觉到自己比经理优秀，他对自己的下属员工们几次提到现在经理的庸碌，搞得员工们都无所适从了。当与其他几个组长一起闲聊时，俊说了许多对经理不恭的话。这样一来，整个部门的领导和同事都知道了俊对部门经理有意见，弄得大家在一起时非常尴尬，都不愿和俊在一起，生怕他又谈论经理。而部门经理本人知道后，虽说表面上没什么，但背后处处提防着俊，生怕有什么把柄落在他的手里。部门经理在分配工作时，有意把难啃的骨头丢给俊。俊在这段时间明显感觉到自己的工作也不再像以前那样轻松，很难超过同事了。

憋得快要爆炸的俊干脆去找总经理谈了自己的看法，说自己的能力超过部门经理，能比他干得好。总经理当场没表态，只是说俊年轻、有能力、有想法这很好，回去好好工作，创造更好的业绩。私下里，总经理迅速召集部门领导，了解小组长俊的详细情况，并把他与现在经理做了比较，心里就有了数。

后来，俊倍感孤立，很少有人愿意和他配合工作。他感觉在部门里像过冬一样寒冷，就有了离职的想法。

做下属的认为自己的能力比直接领导强，认为直接领导的岗位应该属于自己，而不属于这个平庸的领导。一旦有这个心态，在日常工作中，自觉或不自觉地就会表现出来，最后双方都会不舒服。领导处处提防下属，有重要的事情不交给你做，甚至给你穿小鞋，让你难受。而下属越发感觉委屈，甚至想尽各种办法要把领导“干掉”，于是，暗中联合其他部门领导，甚至越级汇报等。这样一来，恶性循环，搞得你死我活，最后不是你走就是我走，这种现象在职场中屡见不鲜。这种现象发生在职业经理人与其上下级之间较多，如果上级是老板、出资人，则很少有这种现象。因为那是钱说话，不是能力说话。如果领导是职业经理人，而能力又不如下属，以上情况很有可能就会出现。如果你在职场里碰到类似的情况，倒不如按照以下几种方法试试。

如果你的领导业务能力很平庸，只是在公司时间久了，会搞关系，这个领导只是个摆设。如果他又很重用你，而你的薪资年年在加，有什么好的事情，领导也不会忘记你，那么，你千万不要有取代他的想法。因为人都有优点与缺点，这样的领导也挺好的，他可以帮你争取你该得的，胜过你自己直接去争取。你应该用优秀的能力帮助自己争取更多的工作机会和好的业绩，而不是给自己制造障碍，应坚信“是金子总会发光的”。事实上，你尊重上司，认真做事，把事情做到位，支持和帮助上司，你做的这一切领导都会看在眼里，他会感动。如果他心胸大度，他会向更大的领导举荐你，扶你上位。

如果遇到能力很平庸的领导，你们的关系也很一般，而你又具备了相应的能力，那么，你就应该利用企业里的各种资源去施展才华，通过把事情做好树立你的威信，你做的事情会得到公司上级、其他部门、下属的高度好评。同时，你还要灵活地在不同场合发出自己的声音，公开场合、正规渠道是你一露身手的好地方，既不要让你的直接领导为难，又能展示你的才华给领导的领导。也就是说，既要做得好又要给上司留有余地。不过，一露身手的火候很重要，你要拿捏到位，把握好这个度。

任何公司都需要人才，任何领导都需要骨干员工。有能力的人很可能被迅速提拔。所以，不要刻意成为领导的挑战者，即使有想法，也要通过正规途径的君子做法上位。这样，不会留把柄，双方都能接受，直接领导不会恨你，领导的领导也会赏识你，你的下属也会尊重你。换位思考，你自己做上司时又何尝不希望下属如此呢？

不要低估领导的智商

十

虽说领导不一定要比下属强，但能成为你领导的，一般是有“几把刷子”的。别把自己的五两当一斤，也莫要把人家的一斤当五两。夜郎自大，造成误判，必毁前程。

名校毕业的白良在一家大型的装饰装修公司做设计师已经快一年了。他头脑灵活，朝气蓬勃，业绩也还不错，挺招人喜欢的。但白良就是对刚上任的部门主任不服气，认为自己比他能力强。

公司刚接了一个很大的订单，装修一片现代办公楼群，要求达到国内最高标准。公司很重视这笔业务，本打算交给刚上任的设计部主任亲自做。白良得知后，毛遂自荐，找到公司总经理，谈了自己的看法和新鲜见解，坚持要做这个方案。总经理从爱惜人才的角度考虑，决定给白良一个展示自己的机会，让他主导这笔业务。

白良的方案新颖、大气，快进行一半时，就得到了很多人的高度评价,他本人也美滋滋的,私下跟几个好朋友说:“设计部主任的职务是熬出来的，学历不高，智商应该也不会高，早晚得淘汰。”不料，当工程进行了一大半后出现问题了：之前施工的水、电、通风以及消防等几项收尾工程合拢不了。如果拆掉重新设计、施工，一是误工误时，影响工期；二是有些材料破坏后根本不能返新，整体效果会大打折扣。整个工程被迫停了下来。这时，白良傻眼了，他明白这个后果将会造成多大的经济损失。

正在白良惶惶不可终日的时候，总经理办公室通知他去参加会议。他想：完了，肯定是要追究责任了。当白良惴惴不安地赶到会议室的时候，人都已经到齐，他看到那位“智商有问题”的设计部主任也在，面前还摊放着一堆图纸材料。他心里顿时更加慌乱起来。

这时，总经理开口了：“感谢专家组的调研评判，我们就按设计部主任的备用预案来进行补救。请白良来核对有关数据，如果无误，马上复工。”

原来，设计部主任不放心，就向总经理建议：除了白良的设计方案，自己再设计一个预案，以便出现问题时及时补救，避免给公司或甲方造成损失。于是，总经理在安排白良设计并组织施工的同时，暗地里让设计部主任另做了一套备用预案。白良这才知道公司早有预防,不禁为总经理和部门主任的全面考虑所折服。当白良再核对数据时，知道整个备用预案精准无误，完全能够补救自己造成的疏漏。有生以来，白良第一次受此教训，既感激又羞愧，望着总经理和设计部主任，一时红了眼圈，说不出话来。

最终，整个工程顺利通过验收，如期交付使用。人们再也没有听到白良说哪位领导的智商不行，白良反而变得谦虚、谨慎了。

几年后，年轻的设计员白良顺利接替了设计部主任的职务。

在上文的案例中，年轻的设计员白良才华出众，最后成功做了设计部主任。但他在刚入职场时轻狂不羁，甚至低估领导，误以为他们的智商不行，甚至说“职务是熬出来的”。如此错误的观点差点酿成大祸。好在他迷途知返，谦虚、努力，后来升职做了部门主任。

我们不能说白良是井底之蛙。他虽然年轻，知识储备很丰富。只是因涉世不深，观察问题从自己的角度看，就不够全面。认为自己完美，水平很高，经常散布一些关于领导不怎么样、领导没水平的言论。因为自己某一方面比领导强，就认为领导处处不如自己。总拿自己的长处去比领导的短处，还怡然自得，这不是自欺欺人吗？

既然公司任命另一个人为领导，而没任命你，说明总经理认为他的能力比你强。通俗地讲，领导就是在你上面位置上坐着的人，属于一个大系统中。既然是一个系统，根据工作性质，总有上下之分。也就是说，你和领导都是系统之中各职能点上的人，都是为整个系统服务的。看不到这点，你说领导没水平，说他们智商低，其实就是等于否定领导，否定公司，同时也在否定职场关系。这样否定一圈，观点是对还是错，任何人都能明白。

古语有云：山外青山楼外楼，能人背后有能人。对世上很多的事搞不懂，想不通，只是因为思维的角度、范围不同而已。试想，后来已做到部门经理职务的白良，再反观当年贬损领导智商低的行为，又该是怎样的心情呢？

职场风景无限好，成功通常青睐于谦虚、能干之才。聪明的你千万不要低估领导的智商。

薪资与能力要匹配

十

美人当然敷红粉，宝马必定配好鞍。金里镶玉，互相来配。职场上，有能力自然财源滚滚，不然的话，如同流水无情，再多的财富也会终将散尽。

贝初入职场，在一家企业上班，薪资定在三千多元。在工作岗位上，他的专业与技能刚好对口，业绩总是排在靠前的位置。他与同事、领导都相处融洽。第一份工作有如此待遇，混得如鱼得水，年轻的贝自然踌躇满志。

一个偶然的机会，贝得知一家新公司要招人。还别说，他真的运气不错，竟然顺利通过了面试，被录用了。在与公司商定薪资时，贝开口标准是每月一万元，公司领导想招揽人才，答应了贝的要求。在新公司里上班，每月都能轻松拿到这份高薪，贝不禁得意起来：职场不过如此，运气好得不得了。于是乎，贝吃好的，穿贵的，人也越来越虚荣和浮躁了。贝的业务水平本来就不怎么高，也不愿花力气努力做事，结果很快出来了，他的业绩很不理想。加入新公司的前三个月，他勉强过关。从第四个月开始，他的业绩名次就排在最后了。

看着自己这样的业绩，贝也感觉到了压力很大。他想努力工作去保住这份高薪工作，但他无论怎样做，还是被困在原地。心急火燎的贝如同热锅上的蚂蚁，惶惶不可终日。

因业务需要，公司又很快招进了一些水平高、技术强的员工。很快，贝就被该公司总经理劝退了。

生活所迫，贝再次应聘到另一家公司。这次，贝一边加紧做业务，一边不断充电学习。通过深研业务，拼搏苦干，贝的技能迅速地提高了，业绩也赶超了上来。在具备业务部“既精又强的骨干”标准后，贝被该公司总经理提拔，做了小组长，薪资随之大涨。这次的贝终于处在最好的状态中了。

职场里，我们经常听到有人说：给这么点儿薪水，还不够我交房贷、车贷，旅游什么的甭指望了，钱根本不够花，怎么过？这是从自己的角度看问题，总抱怨说公司给的太少。如果能力不足而薪资丰厚，这并非是正常的情况，其实害处很大。薪资明显高于能力的话，偶然以高薪入职一家公司，享受了丰厚的工资待遇，会让自己错误地认为自己有本事，这样，这个人的能力也会停止不前。因错误定位自己，导致胃口越来越大，对以后的职场判断也会出现偏颇,大大不利于自己将来的发展。这样的人终因能力不行，最后还是要被公司淘汰的。市场是理性的，价值规律在里面起着作用，内在的作用最终会使它们趋于平衡、一致的，最终倒霉的还是这种能力欠佳的人。正所谓“人心不足蛇吞象”，象吞下去了，肚皮撑破了，真不值得。

没有相应的能力却轻易拿到高薪，还会令一个人的生活变得奢靡。钱来得太容易，自然抵挡不住物欲的诱惑，买这买那，吃这吃那，“散财容易聚财难”，最终必定有坐吃山空、财富耗尽的时候。因为没能力，就驾驭不住这笔财富，到最后还是反受其害。清朝名臣林则徐深知财富“能者得之，寡者失之”、既能助人又能害人的道理，有名言警示后人：儿孙若如我，留钱做什么？贤而多财，则损其志；儿孙不如我，留钱做什么？愚而多财，益增其过。

有一个“磨豆腐小两口”的故事，更能充分说明财富与能量相匹配的道理。一对夫妻靠磨豆腐为生。每天卖完一担豆腐，早早收工。虽说并不富裕，日子过得还算安稳，夜晚闲来无事，他们常常互相开个玩笑，打情骂俏得不亦乐乎。隔壁是一财主，每天算盘珠子噼里啪啦地打到半夜。听到邻居小两口欢喜快乐，天天如此，不禁纳闷，于是，财主决定试探一下他们。某夜半时分，小两口在睡梦中忽听外面“扑通”一声，赶紧出来，发现院子当中的空地上有一个包袱。他们急忙拿到屋里，打开一看，原来是一包银子！这下，他们睡不着了。想这包银子怎么会掉到他家，又想怎么这么多，接着又想会不会人家还会来寻找，该放到哪里才安全、不被偷等。说着说着，天就亮了，该去卖豆腐了。但这对夫妻转念一想，有这一包银子，也该享福了，还卖什么豆腐呀，多辛苦啊。于是，他们豆腐不卖了，想吃什么买什么，想穿好的只管买。女的跟别人比吃穿，男的变得游手好闲。日子过得很快，转眼两年过去了，一包银子很快被他们挥霍一空。没了钱，他们开始争吵，女的说男的吃喝嫖赌，男的说女的懒笨、不持家。从此，这对夫妻家里再没了欢声笑语。日子实在没法过了，他们想再重操旧业时，豆腐挑子也早已不见了踪影。

财富是靠自己的劳动创造的，薪资也是与能力挂钩的。总想着不劳而获，这是白日做梦。职场人士应该不断提高自己的能力，之后再追求相应的薪资待遇，方能平稳发展，过上应有的好日子。

坐稳职位，除了能力还需要信任

十

坐稳职位需两个要素——能力和信任。能力表示能解决问题，信任表示能让企业放心。企业放心让你用能力去解决问题，才会给你相应的职位。能力超常，业绩必定好；有领导信任，职位步步高。

凯子是M公司公认的实力派，能力棒，人品好。他虽然在现在的公司才一年多，但工作业绩始终都是第一。他很有朝气，所带的团队也虎虎生威。

自从得知公司空出一个经理职位后，凯子铆足了劲想要争取，工作也格外勤奋，M公司上下也大都认为此次空出的经理职位非凯子莫属。

M公司另一个想要争取这个经理职位的是毕利，老员工，条件也很好，且为人诚实、厚道。公司从初创至今已有十多个年头了，毕利一直在公司做事，心无旁骛，默默无闻。先前之所以没被提拔上来，原因是刚离职的经理的能力在他之上，且资格更老。

这次竞争，老员工毕利知道对手凯子各方面都很优秀，心想：这次怕是又要落空了。

临近M公司宣布空缺经理任命的前几天，凯子的两个好朋友还硬逼着他请客，到酒馆还喝了酒，预祝他胜利晋职。一时间，凯子要当经理这件事在大家看来已成定局了，就只差最后董事长确认了。

公布结果那天，全公司的人都向凯子微笑点头，搞得凯子激动起来，再三表示会后一定请大家吃饭。

会议上，董事长说："我们公司近年来各项业绩大踏步前进，这是众多优秀员工付出的结果。尤其是像凯子这样的优秀员工，业绩突出，值得肯定。但是，老员工在公司最困难的时候，死心塌地跟公司共患难，关键时刻经受住了考验，获得了公司的信任。公司感谢各位优秀员工的付出，更感谢那些为公司多年奉献的老员工。那么，这个空出的经理职位理应由毕利担任，这也是公司对他的一个回报。"

一向诚实、厚道的毕利一听，立马谦让，说自己能力不行，应该让能力棒、业绩好的年轻人凯子来做。凯子也被董事长这番话感动了，虽说没有竞争上经理的职位，但他心悦诚服，表示支持毕利当经理。推来推去，董事长再三考虑后，宣布：老员工毕利出任经理，年轻有为的凯子任副经理。

竞聘前后，凯子表现出了年轻人少有的成熟与持重，赢得了董事长的信任。后因其业绩不断刷新，在毕利调任其他岗位时，凯子立马被公司任命为经理，统领了整个销售部门。

职位是指机关或团体中执行一定任务的位置，只要是企业的员工就应有其特定的职位，职位通常也称岗位。既然职位是公司大系统中的一个点，它必定联结着各条线，发挥着它的作用，这个特点要求处于点上的人要有与之相匹配的能力。

公司是追求业绩的地方，企业创始人最关心的是企业的效益。谁都知道，先有业绩，才有效益，而业绩的取得是那些有能力的、能干的员工创造的。企业创始人通常很欣赏那些精英干才，甚至礼贤下士、三顾茅庐，请他们加入到自己的队伍里来。这仿佛是说，有能力的人就一定能坐上公司的领导职位，其实不然，他们还要通过企业创始人的信任这关才行。

信任是相信对方是诚实、可信赖、正直的，它在职场中最直观的表现是相信对方的人格和能力，相信他能够做出好的业绩。

企业，尤其是民营企业，企业创始人带企业如同带孩子。很多企业创始人从起步到成功，把自己大把的青春岁月都投掷于此，甚至于有的还牺牲掉很多宝贵的东西，比如亲情、健康等。更有甚者，几经跌宕，起伏波折，企业能走到现在，真可谓千难万险，他们把企业看成了自己生命的重要组成部分，没它，就没了自己。在这种情况下，一个没有赢得企业创始人信任的人，即便才华横溢，企业创始人也不会轻易地把企业托付给你，自然也不会在没有完全了解你的情况下，把职位给你。不怕一万，就怕万一。万一真的有个闪失，那岂不是要毁了企业创始人的心血？

三国时期，西蜀刘备远征东吴，被火烧八百里连营后大败，在白帝城一病不起，弥留之际，他找来丞相诸葛亮，亲手把国家和儿子刘禅托付于他。这其实等于说，刘备在最后完成了一个交接班任务，之后西蜀的最高权力人就是丞相诸葛亮了。如果诸葛亮不具备过人之才，怎么能做统帅三军的军师？如果不是有刘备万分的信任，诸葛亮又怎么能从军师做到丞相，还怎么让刘备临终时将事关天下的大事相托付呢？

有没有才能是你的事，信任不信任是领导的事。有能力了，又获得了信任，那职位就非你莫属了。

开会坐的位置决定你未来的位次

十

会场就是磁场，越靠前，就越靠近磁源。近水楼台先得月，自然吸收的能量就多，经常靠近领导，最后就会成了领导。

H公司周一上午的例会又要开始了，大家鱼贯而入，一阵忙乱，分头在找适合自己的位置。

老员工D坐到会场末位，这是他常坐的老位置了。他负责人力资源行政工作，一般没什么事情，因而常坐在这里。有时领导在上面讲，D在下面打瞌睡。

C一进来，瞅准最外边的一个临时添加的位置抢着坐上去了。他知道自己最近一段时间业务成绩并不怎么好，等下一开会，领导肯定会逐个公布上周情况并订出本周目标，自己上周忙女朋友的事，没怎么好好做事，没完成周指标，还是坐在外面好。如果形势不妙，借机上厕所走人。

B是入职不足三个月的未转正员工，爱学习，带着自己喜爱看的书。如果讲的内容她不爱听，B就会打开书，头一低，只顾自己看书。或者不看书时，因对公司人员和业务都不熟悉，B就会多观察一下领导与员工的交流情况。找个中间的位子坐下，B感觉挺合适。

A则径直走到前面靠近领导的位置，他知道坐这里更容易引起领导的注意。因为来得早，A的业务已相当娴熟了，很多新手都是他带起来的，他在公司也有一些声望。年富力强的A坐在这里，大家已认为他是“准领导”了。

E夹着本子，随便找个靠近门口的地方。大家都知道，每次开会，看着E在那里记笔记，其实是在“鬼画符”，乱涂乱画，开个会，能画半本子。F为临时办个什么事方便些，坐在边区没有桌面的临时位置。F没上进心，领导爱怎么讲怎么讲，如果会议开得太长了，他就玩手机，玩够了借上厕所之名溜之大吉。

H公司这样的例会每周都开，座位大同小异。座位的靠椅环桌而设，最前面最重要的位置是总经理的，即“脑袋部分”；总经理位置的左右也叫二号位置，这两个位置通常是副总经理或总经理助理坐的。接下来的“胸部位置”是公司重要的座位部分：通常坐在这里的属于公司发展第一梯队的骨干人才，都是潜力股、实战精英，最起码也是特别有上进心的少壮派。据公司的很多老人说，开会抢着坐在“胸部位置”的，日后都被提拔为领导了。

半年后，A果然被提拔成了销售经理，B成了小组长，C的职务没变，D因业绩屡屡倒数而最终被公司辞退。

很多年轻的员工往往会忽视公司内部开会座位的重要性，以为是“随意坐坐，开会嘛，能听到就行”。殊不知，这是一个极幼稚、极错误的做法，他们不知道座位重要到能影响乃至决定你在职场的未来。

上文案例里H公司的A之所以能很快晋升，与其开会时坐的位置有一定关系。A在业务方面的能力强是不错，但业务强的人多得是。A的聪明之处就在于他明白“开会很重要，座位很微妙”。位于领导近的位置与远的位置，在领导眼里是有天壤之别的。大多领导都会认为：离得近，表明你在积极、主动地靠近我。离领导近还说明你状态好，对领导讲的话，就自然“吸收”多。这样的位置在领导的眼皮底下，让领导在心理上就感觉很近，印象也就会深刻很多。如果你再有准备地适时表现一下，那么，领导就会先关注你，之后了解你，接着就很容易认可你的工作，你晋升的机会相应就比其他人多得多了。

开会时，坐的位置、发言的表现都能很好反映你的精神状态、工作状态。如果一个员工态度不端正，连开会“坐”的位置都找不准，谁相信他能“做”好事情呢？假想一下，如果这个员工不是积极上进的，也不关心领导讲些什么，对公司的情况漠不关心，心里打着退堂鼓、脚下踩着两条船，他就会坐得远远的，在角落里跟领导捉迷藏，趁领导不注意搞小动作，或玩手机，或看闲书，或打瞌睡，或瞎胡画等。这样的员工，先是淡出领导的视线，之后是退出公司的圈子，更不要说会升职加薪了。

企业经常要举行大大小小的会议，一般来讲，会议控制了工作流程。这些分门别类的会议是企业运营情况的上传下达、安排新工作、提出和解决问题、督促进度、分配指标、确定工作目标的重要场合。开会是工作的一个重要内容，一个公司的会开不好，那么，它的业绩也一定做得不怎么样。但是，如果一味开会，使会议流于形式，也不会创造出多大的业绩来的。

企业开会，不要拒绝表现自己的机会，开会是所有工作中最重要的一环。职场人士要明白：现在所在的座位即是你日后职位的预兆。

慎用权力

宝剑双刃，寒光逼人，万不得已，不要出鞘。胡乱显摆，最先伤的必是持剑的人。权力如同利器，很干、很硬、很冷，需慎用。

S公司是一家工程建设企业，丁山是新到任的项目经理，很年轻。

在S公司的一个施工项目工地上，组长乔台带领他的工组正在施工。乔台考虑大雨即将来临，到时工程就会停下来，因此，在做防雨、防淹方面的工作。这时，催赶工期的丁山过来，看到大家没有施工，却在搞防雨工作，大为光火，立即找来组长乔台，训斥不该停工，让他赶紧施工。乔台正要说明情况，丁山霸道地说："你是经理还是我是经理，咱俩谁听谁的？赶紧施工，确保工期，你明白不明白？"这样的官腔话让倔强的乔台很反感。他耐着性子给丁山解释，但再次遭到丁山以权压人的训斥："不用理论，我说了算，你施工组长必须听我经理的。”

当了多年的施工组长，第一次遇到这样的官，乔台老脾气犯了，说：“现在不能施工，除非你撤了我这个组长。”年轻气盛的丁山恼羞成怒，当即撤了乔台的组长职务。紧接着，丁山把另一个业务水平一般，但擅长拍马屁的员工指派为组长，且强令施工到夜晚。

当天后半夜，大雨如注，一直下到天明还没停的意思。这时，工地上积水很深，设施、器具都泡在了水里。而昨天加班催赶进度的施工段位全让大雨冲毁了。丁山赶来，让新组长带人补救，但工人都拒绝在大雨中作业。

因这次错误施工给S公司造成很大损失，总经理查明情况后，迅速撤销了丁山的经理职务。随即，他又听取了乔台的意见，并让他带领施工组采取措施进行补救。

乔台先是把场地整理好，器具修理好，再把被毁坏的工程拆除掉。之后，增加人手，在保证工程质量的情况下，迅速地把工期赶了上来。

S公司总经理亲眼见证了乔台的做事能力，深为原来误用了轻浮的年轻人而自责。不久，整个工程顺利通过验收，作为奖赏和鼓励，总经理提拔乔台做了项目经理。

上文案例中的老组长乔台为公司挽救了损失，升任了项目经理，这株“草莓”之所以还能晚熟，是因为权力错配后得以正确复位。新上任的年轻经理丁山心浮气躁，嘴边总是挂着：我是领导，你们得听我的。因业务不熟，在组织施工中，丁山遭到了懂技术的老员工乔台的顶撞。恼羞成怒的丁山将其撤掉后，另换一个业务一般的员工任组长来领导施工，结果给 S 公司带来了巨大的经济损失。公司总经理获悉此事，将年轻、爱显摆官位的丁山革职，起用了之前被停职的老组长乔台。在乔台务实的工作作风带动下，施工进度、质量均达到了验收标准，工程顺利验收，工程如期交付，乔台又为公司挽回了部分经济损失。

在企业中，有很多人往往以权力来领导团队，但在实际操作过程中，权力在万不得已的情况下是不能动用的。为什么呢？比如动不动就说“我是领导，你得听我的”。这样玩弄权术或者以权压人，人家还怎么工作？你是领导人家知道，不用天天挂在嘴边，更多的应该是说理。如果你说的有道理，人家听你的；或者说你有人格魅力，人家也会听你的。对于权力，领导在内心深处知道就行，绝不能动不动把权力挂在嘴边。

如果企业的基层领导因滥用职权给公司造成直接的经济损失，深究源头，那么，高层领导也有用人失察的责任。假如一开始，在任用管理基层生产的领导时，企业高层领导就通盘考虑，谨慎用人，势必一些职业操守有问题的人就不会坐上领导岗位，也自然不存在如上文案例中这些小领导滥用、乱用职权的问题了，自然也不会出现经济损失了。

企业的生态系统犹如金字塔，权力越往上越集中，责任也越重大。这就要求领导一定要慎用职位权力，用对了会起良性循环。否则，可能会引起重大经济损失，甚至造成“塌方式”的职场灾难，无法补救，让公司的利益受损，令观者扼腕叹息。在现实工作中，就有个别人“一朝有了权，便把令来行”，拿鸡毛当令箭，滥用职权，造成了损失或败局，最终自己也受到惩罚，实在可惜！

第二章

淡定前行

身处职场，剪不断，理还乱，看透而不看破，君子淡定前行。

宠辱不惊，闲看庭前花开花落，
去留无意，漫随天上云卷云舒。
不以物喜，不以己悲，
大道至简，平淡如水。

主动和公司绑定

十

杭州的蜗牛想去上海，不知道得走多久，很可能在半路上就被人一脚踩死了。但是，蜗牛如果吸附在农民的箩筐上，情形就大不一样了。

小栋头脑聪明、勤奋能干，进某公司后先被聘为业务员，之后由于刻苦努力，业绩突出，被安排在总经理办公室当秘书。

早些年，因为做实体经营有个年终冲目标拿返利的情况。一到年底，公司的资金就异常紧张，总经理想了很多办法也没完全解决问题。在迫不得已的情况下，公司决定向员工集资，临时“过桥”，期限为一周，数目自愿：五万元不嫌少，五百万元不嫌多。

很多员工一听说让自己往外拿钱，心中不解也不快，私下议论起来：堂堂一家公司竟然向职工伸手借钱，也好意思？钱借给了你，不定哪天经营破产了，连本也收不回来。钱有的是,放在银行既安全也有利息,我才不掺和这破事。

小栋知道公司是遇到难处了，现在正是“十万火急”的关键时刻，公司的事情就是他的事情，他认为这恰是他表现的机会。尽管他刚参加工作，手上没有多少钱，但东拼西凑，又从兄弟那里拆借，他一共拢到十万元交给公司，并声明不要利息，不打借条。总经理知道小栋家里的状况，很是感激，再三安排一定要写下借条并许诺一周归还本息。

这件事情很快过去了,因公司的业绩完成得很好,利润可观,借员工的本金和利息全部提前偿还，只多不少。过后，总经理还特意请小栋吃了一顿饭。自此，小栋成了总经理很欣赏的那种员工，他们的关系也很近了。

二次扩大规模后，公司成为同行业的先进企业。小栋在这家公司一干就是十年，因早期奠定了坚实的工作基础，他迅速从秘书升任为部门经理；又因为能力突出，他很快成了该公司的合伙人、副总裁。

在上文的案例中，小栋初入职场时像其他人一样，由零起步。但他凭着聪明和能干，从业务员当上了公司的秘书。他有个和别人不一样的特点，就是“视公司为成长基地，把工作当生存历练”。因做了一件“另类”的事情，他快速找对了职业发展方向，十年后成为企业的合伙人、副总裁。

年轻人成长的机遇多，但考验也无处不在。上文案例里的公司年终要“冲目标”，只有达到一定的目标任务，合作公司才能给予返利。达到的目标数额越大，返利现金也就越多。如此一来，公司自有资金一度紧张，公司总经理使尽办法也没完全交齐巨额款项。在形势所迫之下，总经理就向公司员工公开集资。很多员工没听说过公司向员工借钱的事，感觉可笑。这些员工心里嘀咕：生产经营本身就有风险，万一借出去了，企业破产了怎么办？找谁要钱去？但小栋却不这么想，在公司遭遇困境时，他毫不犹豫，竭尽所能地为公司分担压力。虽然力量微薄，但足见其赤胆忠心。在小栋的意识里是要把自己和公司捆绑在一起的，也就是“誓与阵地共存亡”。小栋成了公司的榜样，其他员工也纷纷效仿，于是，企业顺利渡过了难关。这样，小栋就成了总经理眼中的“红人”。后来，小栋乘势而上，通过近十年的努力奋斗，职务不断升迁，最终成为企业的合伙人、副总裁。

公司如同一条船，当你加盟了一家公司，你就成了这条船上的一名船员。这条船是满载而归还是触礁搁浅，取决于你和所有的船员是否齐心协力。只有每一个人都把自己服务的公司看成是一艘船——一艘自己的船，每一个人才会竭尽所能贡献自己的力量，主动、高效、热情地完成任务，用心去打造属于自己的公司，上司和同事也就被你视为同舟共济的伙伴。那么，这艘船上的所有合作者都会努力做好自己的工作，这艘船才会乘风破浪、勇往直前。

选择比努力更重要，放着现成的船不坐，非要自己去再造一条，听起来很有魄力，但其实并非明智之举。且不说你造的船够不够大，有无抗拒风险的能力；即便你千辛万苦花费那么多时间把船造好了，也到了彼岸，但机会还在吗？恐怕机会早已不见了踪影。要知道，人的一生难得有几个黄金机遇期，一旦失去，可能从此无缘了。几乎所有职场精英快速成长直到成功的秘密就是他们把自己绑在了公司这艘大船之上，提高了抗御风险的能力，也大大加快了到达彼岸的速度。

职场要弄潮，切莫做散兵游勇，积极、主动乃至想尽办法和公司绑定，让自己成长到足够强大。这样，你的职业生涯才会更璀璨。

信任是需要时间验证的

十

路遥，宝马不疲；日久，人心自现。时间是最好的试金石，是否信任，由它取舍并检验。年轻人要想获得领导的信任，就要经历时间的验证，急不得。

年轻的职业经理A是从外企辞职后被一家规模不小的民营企业S公司招聘进来的。A的确也很优秀，“空降”后做了部门经理。该部门里有一位老员工B，不仅熟悉公司情况，而且与几个领导关系好，走得近。

每次公司总经理召见A时，总是特意吩咐同时把老员工B也叫来。有几次，A刚向公司总经理汇报完工作，老员工B就被私下叫到总经理办公室，以证实部门经理所说的真假。

A感觉老员工B就像一贴膏药一样，他在哪里，B就会出现在哪里。A很不能理解，自己既然是部门经理，就该享有部门经理的权力。更让A疑惑的是：总经理有什么事情就应该直接与我对接，怎么总是与老员工B对接，并且，还在私下向B了解我工作的情况？甚至上次自己出差的细节和前天加班的工作内容等，总经理还单独向B询问详细状况。

A越来越觉得总经理其实并不信任他，无论他怎样向总经理坦言自己的忠诚尽职都无济于事。有几次，A想直接跟总经理说不要把B放在他身边，但又不好意思开口。于是，A干了一段时间后就跳槽了。不想，下一家公司也出现了类似的情况。

如此折腾几次，A实在郁闷，带着心里的疙瘩，不好意思地去请教他亦师亦友的大学老师。结果，老师送给他一句话：信任是需要时间和故事的。

人们常说：我凭什么相信你？在职场上也一样，企业创始人凭什么相信职业经理人？企业创始人把企业当儿子，当然最开始用人要疑。那么，职业经理人怎样做才能赢得企业创始人的信任呢？最好的办法是通过时间把企业创始人和经理人黏合在一起，再经过特殊的重大事情检验，积累起来，才会让企业创始人明白你是值得信任的。通常表现在以下两个方面。

首先，共同经历一些事情，赢得企业创始人的信任。双方要充分了解彼此，最需要的是时间。人们常说：路遥知马力，日久见人心；岁月就像一面镜子，能让人将彼此看得更清楚。

其次，通过做事情搞好工作、赢得信任。保持共识，彼此渗透到对方内心深处，才会经历并发生很多故事，有故事就会产生共鸣，这样就把彼此捆在了一起。企业创始人之所以请你来，是看重你的技能和专业。这和老员工不同，他们是凭借忠心留在公司，而你是靠专业技术“空降”到公司的。只有通过专业技能来征服企业创始人和员工,并赢得企业创始人的信任，你在这家公司才能站稳脚跟。

信任是需要时间的，只有通过时间的积累和成绩的验证，最终才能成为企业创始人的心腹，获得企业创始人的信任。所以，职业经理人一旦有了最佳机遇，就要完美演绎，尽显自己的才能，用业绩来证明你的忠诚与能力，最终实现双赢。

淡然面对职场人情

十

公司请你来，是干活的，而非人情打点、搞关系。把精力放在该做的工作上，创造好的业绩才是根本。切莫如坠云雾，不辨东西，不明主次。

S公司的业务不断扩大，新招来的年轻人也越来越多。金秋时节，公司的员工A、B、C在两个月内都要结婚办喜宴。三个喜讯一经披露，公司就不平静了。有的员工上班打听，下班乱问，只要有了时间就聊起这档送礼的事情。刚吃完A结婚的喜宴，B又宣布下个月要举行婚礼庆典。一些员工纷纷议论是不是要去，如果去该拿多少钱合适？有些新员工还问老同事“份子钱”都是多少，还有几个员工就商量哪些人坐一桌吃喜宴合适……一时间，公司这段时间的中心议题就是“随礼”。

A、B、C的婚事过去之后，稍微年龄大些的员工E说要喜迁新居，又请大家吃了一顿乔迁宴。大家还没缓过神来，F告诉大家，他将在元旦时办喜宴，恭候大家的光临。正当一些收入低的员工犹豫不决时，看到公司总经理出面祝贺，其他员工差不多都去了，没办法，只好硬着头皮又随了份子。

如此疲于应付，业务部的业绩当季度明显受到影响，统计数据显示下降了两个百分点，总经理开会时还通报批评了几个销售业绩靠后的员工。业绩不高，薪资就低，还送了这么多礼钱，又挨了训，大家哑巴吃黄连——有苦难言。

过了元旦后，就快过春节了，公司销售部的D找到经理，说要借钱过年，原因是这段时间送礼太多，工资已所剩无几，没钱回去过春节了。无奈，公司总经理只好先借了一笔钱给大家，好让困难员工回去过年。

过完春节上班后，就有员工在公司说，送礼有的多，有的少，还有的没有还礼，不够朋友义气等。说的人不高兴，听的人也不高兴，自然影响到工作心情。

…………

现代社会，谁也离不开人情往来，除非你是活在真空里。在职场这个大舞台上，大家在一起工作，总会有红白喜事。按照传统，有了这种事情，都要祝贺或慰问，这就让很多人为此事纠结。

怎么“送”和“收”？公司同事之间平时工作交集多，谈得来的同事，如有红白喜事，礼金或礼物尽量送到；关系很一般的同事，一旦知道，也最好表示一下，但钱物略表心意即可。不一定花很多钱，甚至买个小礼物也可以。而对于如何“收”，则应本着“礼大礼小，来了都好”，无须计较。“再小也是礼”，应热忱收纳。

怎么“请”和“赴”？俗话说，“该请的不请也不对”。同事之间，以和为贵。作为主人，办红白喜事肯定是希望既周到又体面，在发请帖或者通知人时，会尽量多发或者多通知人，避免有不周之嫌。但是，如果主人感觉有些人平时不怎么交流，就不会发送请帖或者通知人的。这样，没有收到请帖或通知的人，也不要责怪，要理解主人。如果你和对方的关系尚好，得知情况后，应热情道贺或慰问，一旦要去，则一定要诚心实意。如果感觉没必要去，不参与也不赴席，淡然处置。

请和被请的双方心态要端正。有时邀请了人家，但没来，可能是其他问题，主人要往宽处想：可能人家确实有其他的事，很不方便来。来了，也不要太在意礼金的多少。还有，如果是一个办公室的，请一个人而不请另一个人，也很容易得罪人。那么，可以当作不知道，日后也不要纠结、计较。要明白，不请自然有不请的理由。再说了，不请你，正好不也省了送礼的“份子钱”吗？

不论“送、收、请、赴”的哪个环节，如果处理不好，就会影响心情。建议职场上的人情往来应本着“表面要和谐，往来应淡泊；出钱吃顿饭，双方别在意”的原则。

谨慎对待同行的话

十

职场上，同行是冤家，因此，相互之间传递的信息或许有诈。假亦真时真亦假，应练好眼力，洞穿真伪。

苏珊辞职后，自己开了一家花卉公司，可花卉公司开业一阵子后就出现了一些问题。比如，服务方式和货物渠道都是需要改进的地方。

苏珊虚心地找到邻近街道经营花卉生意多年且生意不错的同行，请他喝茶。只听那位同行道："有什么好说的，现在年轻人的想法稀奇古怪的，今天一个购物节，明天一个圣诞节，后天一个情人节，情人节还分中西两个。进的鲜花短期内销不出去，就会变成烂泥巴。我去年听别人的，就亏了很多，今年说什么也不会这样做了。宁可闲着也比亏了好啊。"

本来是想取点经的，听同行这么一说，苏珊顿时泄了气。只好进一些普通、耐放的花，摆在那里，但半天只卖出一份。因品种少，销售方式单一，眼看生意支撑不下去了，苏珊烦恼极了。

春节期间，苏珊听从某一线城市回来的亲戚说他们那里的花卉生意如何如何火爆，有的鲜花还通过空运卖到几千里外的地方。因为生意好，花卉公司进的鲜花品种特全，很多花都叫不上名字。特别是在节日的前夕，很多花店都忙得不可开交，聘请了很多员工还忙不过来。在人口集中的街区，没多远就会有一家鲜花店。他们还与婚庆、开业等活动结合，接过来统一筹办。因为服务的内容多，与他们联盟的就有好几家小公司。听说他们最近又搞了线上咨询订购、线下上门服务活动。

苏珊听得云里雾里。等那个亲戚回去上班时，她跟他一起到实地一看，事实果真如此！

开了窍的苏珊再不征求“同行高人”的意见了，说干就干。她开始建网站、联系服务公司、安排送货上门服务、招聘新员工……这时，之前她咨询过的那个同行又凑过来，劝阻她不要脑子发热，小心受了骗、亏了本还不知道是谁坑的。苏珊婉言回绝，不再理他。

通过对销售模式的改进和品种的更新，苏珊的公司引来许多年轻人的光顾，他们还互相传播。没多久，生意就兴隆起来了。

赚到钱的苏珊谈到这段创业经历时总是说：“同行的话听不得。”

在上文案例中，刚辞职、没有多少见识的花卉店主苏珊，历经坎坷，最终赚到了大钱，逢人就说“同行的话听不得”。这句话道出实情：不要轻信同行。既然是同行，差不多都是经营相同品种的商品。市场利润不变的话，你的生意越是兴隆，他的生意自然就萧条。为了利益，他怎么可能会把真实的、宝贵的经验或信息告诉你呢？除非另有原因。存在竞争，同行就是你现在或潜在的对手。同行为求生存必先自保，如果你去向他们咨询，说不定他们了解到你的想法后会有意误导你，提供虚假的信息，设计圈套让你钻，坐等你惨败，之后他们来打扫战场、收获余利。

开公司要谨慎，职场上班族更要小心。有些人在职场拼打多年才小有成就，能坐到现在的位子已经很不容易了，那么，他们自然就倍加珍惜目前的职位和薪资。尤其在这个日新月异的时代，一不注意就可能被淘汰，因此，大家都是全速前进，生怕落后。如果谁想向同行打听情报，别说有价值的信息了，对方不报虚假信息误导你已经不错了。

不论是职场，还是商场，在与同行接触时，千万要留意对方话里的内容，细心分辨，小心为妙。

别把公司当成家

员工不是亲人，公司决非家庭。讲效益的公司是靠业绩说话的。混淆二者，没了业绩，丢了效益，发不出薪资、福利，岂不是领导带大家去喝西北风的节奏？

H公司的总经理已年届不惑了，十几年前创办了这家企业，和他一起拼搏至今的同事之间都有了兄弟姐妹般的情谊。因此，他也有很浓重的“家文化”情结，在管理上总是喜欢带些“家元素”。

S和M是从别的公司离职后加入H公司的。他们来到公司后，公司对他们也一样挺照顾的。S、M两人就感觉有家的温暖。正因为感受到H公司的“家文化”，所以，他们工作很卖力，业绩也都不错。

好景不长，在全球经济不景气的大环境下，H公司也和其他同行一样，难逃破产厄运。眼看公司难保，H公司的总经理最终决定裁员。

当裁员名单公布后，S心里就纳闷了：不是说公司是家吗？为什么一下裁掉那么多人？这些人怎么生活？再说，同是一起来的兄弟姐妹，为什么裁我而没裁别人呢？于是，S等人找到公司的总经理，质问："都是一家人，你们有肉吃，我怎么连骨头汤也没得喝？同是兄弟姐妹，我比M家庭更为困难，为什么裁我而不是他？"接着，其他被裁的员工也跟着提出各种各样的问题，摆出似是而非的理由，一度阻止了H公司的裁员工作。

情急之下，H公司只能请出法务部的律师，撇开"家文化"的理念，从法律的角度、按公司法的要求，该裁人就裁人，该补贴多少就补贴多少。

从此，H公司的总经理再也不提用"家文化"治理公司了。

在上文的案例中，有着传统观念、年届不惑的H公司的总经理在治企理念上采用"家文化"的管理方式，一开始还起到一些作用，但后来在全球经济不景气的大环境下裁员减压时失灵了，还闹出了乱子，幸好运用法律手段才得以平息。

为什么同是一种方法，前后却有截然不同的效果呢？问题出在“家文化”上。在中国，“家”的概念根深蒂固，以家为基础单位，家中的长者或位尊者一般被称为“家长”或“族长”，他们的权力很大，宗族观念很强。有些时候，“家文化”的确能增强凝聚力，激励家庭成员创业的积极性。比如，很多公司就引入了“家文化”的概念，它促进了企业的发展，甚至一度还创下了辉煌成就。但是，后来人们却发现：如果管理企业时把“家”的概念过度渲染进来，把公司打造成“家文化”型企业，就会捉襟见肘、漏洞百出。因为企业文化一旦做成“家文化”的话，平时大家其乐融融，就会讲感情不讲制度，讲亲疏不讲规则。没问题时万事大吉，一旦有了问题，那可能就是大问题。比如裁员，在家里不可能把儿子、女儿开除掉，同理，靠“家文化”管理的公司自然也不能开除员工了。

企业是讲理性的地方，员工追求的是业绩，公司讲究的是效益，企业必须要按规章制度来办事，管理的模式可以不同，但万万不可搞纯粹的“家文化”。在公司里，员工不是家庭成员哥哥、妹妹，而是战斗伙伴，是一种攸关利益的“联盟”关系。既然不是家，公司就没有必须留你一辈子的应尽义务。很多实践证明，按“家文化”治理公司，会把公司弄成一摊稀泥，大家都得陷进去。“家文化”在家庭中的正能量，一到公司，就立即转变成了负能量。

作为员工，你可能很喜欢有着“家文化”的公司。但是，作为企业的创始人或投资人，管理企业一定要谨慎采用“家文化”的方式，应该按现代企业管理方法建设企业文化。如此，公司方能健康、持久地发展下去。

职场上只有工作伙伴，没有朋友

朋友交心，是既渴又饿时的心灵鸡汤；伙伴之间则是有目的的联合关系，只讲利益和好处。在职场上，切莫自作多情！要知道，为了利益，有谁愿意放弃到嘴的肥肉呢？

A和B年龄相仿，同一天来到同一家公司。她们逛街、吃饭都一起，后来干脆搬到一块儿住了。在同事眼里，她们是那种无话不说的好朋友。

单纯的A经常向B谈及男女之间的隐私事情，甚至说起自己结识了几个男朋友、又怎么分手的，还透露公司有位领导很喜欢她，另一位中层管理者也对她示好。除了这些，A还经常向B谈及对公司和领导的看法，凡是她知道的，没有任何保留地全都告诉了B。

一年后，公司有一个经理岗位空缺，公司决定用竞聘的方式在内部选拔。A和B经过商量，为了多一分胜算的把握，决定两人都报名。不论谁做经理，在工作中都可以照顾对方。她们一起出谋划策，积极投入。富有喜剧性的事情发生了，经过初评，淘汰掉了七个人后，A和B双双进入第二轮“二选一”的最后选拔阶段。有人议论，这下不用评比了，因为她们俩是好朋友，评谁都不会有意见。这时，公司高管们差不多已大致决定：认为应该是A晋升为经理，因为她性格开朗，业绩也好。风声不胫而走，一部分人私底下已经在祝贺A了，要她请客，称她为经理。

事到临头，B忽然纠结起来：A马上要成为经理了，自己还是普通员工。机会多难得啊，错过了，可能还要等上几年，自己条件那么好，离经理也就是一步之遥了，如何是好呢？她进一步推理：如果把A“干掉”，自己就是经理了。“现在狠一下，幸福一辈子”，于是乎，B下定了决心。

接下来，B开始四处散布谣言，说A爱占公司的小便宜；怎么在考勤上作假，欺骗领导；怎么在数据上做假，糊弄总经理；甚至指出A是怎么与公司的中层管理者搞那种不明不白的关系，才使她在这次竞聘中顺利地进入了第二轮选拔中。顿时，公司像炸开锅一样，A成了大家吃饭时的谈资。

A欲辩无言，没办法，只能选择放弃，最终黯然离开公司。

在上文的案例中，A和B所谓的“朋友”关系，其实也就是我们俗话说的“酒肉朋友”，类似这样的现象在职场应该不少见。

朋友交的是心，讲的是情和义。朋友谈心，都一五一十，不会虚伪做作，否则，也成不了朋友。不过，在物欲横流的社会，在职场利益面前，又有几人能坚守道义，又有几人把感情看得比什么都重要的呢？这时，在绝大多数人眼中，感情也就不值几毛钱了。

上文案例中的A和B是朋友，也是同事。同事就隐含了职场上的竞争关系，只是A被朋友的甜言蜜语遮蔽了双眼，没有保持清醒的头脑而已。当出现利益角逐时，隐含的竞争关系就会被快速激活。这时，朋友关系退居其次，竞争关系成为第一关系。光是竞争还好，八仙过海，各显神通，各凭各的本事，按照游戏规则同台竞技，如果能这样，A、B应该可以成为佳话。但是，竞争很残酷，双方会调动所有能用的资源和火力。这时，朋友的秘密成了竞争的最大炸弹，也是最大的致命武器，随时可以引爆，成为制胜绝招。于是，就出现了A的黯然出局。

职场上的朋友，在不发生意外的情况下，你好、我好、大家好，“一团和气”，如同“闺蜜”一般。一旦发生职场竞争这样的事，“友谊的小船”说翻就翻，不但朋友没得做，还可能滋生出更大的事端。

职场是利益场，每个员工也有个人隐私。如果不去交朋友，别人也就不知道这些秘密，即使竞争，也少了被朋友抓住的把柄。

除了竞争以外，在职场交朋友，很多事情处理起来也很麻烦。比如，朋友中的一方获得晋升，而另一方原地不动，意味着一方成为另一方的上司，以前的朋友关系发生了变化，由平级关系变成了“管与被管，领导与被领导”的上下级关系，双方就很难维持以前那种关系了。例如，朋友违犯了公司制度，是成全朋友，还是维护公司利益？照顾了朋友，对公司没法交代；公司好交代，朋友没法做。这时，当事者往往会左右为难，很是痛苦。对方理解你还好，会支持你的工作；不理解你的，还会挖苦说：发达了，就翻脸不认人，想当年穷的时候怎么怎么样……就算朋友通情达理，没有嫉妒，没有利益冲突，为你的晋升感到高兴。其实，还是很别扭的。以前，直呼其名，甚至还称呼对方的小绰号，随时可以勾肩搭背；现在，对方突然做了领导，要改口称对方为某某总、某某经理，不能随口叫绰号了，玩笑也不能开了，更不能称兄道弟了，见面很尴尬，口也不知道怎么开，很不自然，很是尴尬。另外，从企业管理方面而言，同事之间的关系也不应当太紧密。同事之间可以吃喝玩乐，但不可以做朋友，道理很简单：公司最忌讳派系，最忌讳员工抱团。

朋友交的是心，更多的是能互相慰藉心灵。在一起共事的人，称为同事，是为了一个共同的组织目标在一起和谐相处、相互配合的工作关系，即合伙处理某件事，事情处理完了，也就结束了。同事讲的是事，而不是心。朋友讲情，同事讲事，事与情不能不分。如果把两者糅合在一起，最后情也得不到，事也成不了。

职场是利益场，同事之间处理好关系，创造和谐氛围是必需的，但务必明辨二者之间的区别，谨记：职场上只有工作伙伴，没有朋友。

职场上谁是值得依靠的人

十

背靠大树好乘凉，职场有难领导帮。工作干得好，拿业绩说话，自然是发红发紫的角儿。

下班后，A、B约到C，三人来到一家较安静的咖啡店，听着音乐，喝着咖啡，聊着天。

一年前，C从一家大公司辞职来到现在的公司，虽说公司小了点，但他感觉更自由。C认识了A和B，三人投缘，无话不说，成了要好的朋友。

A、B、C三人先是谈了最近看的一些书、电视剧等，之后就聊到公司的发展、领导的为人等话题。三人有什么心里话都讲出来，彼此分享和交流，当然，这些公司话题保密：只能私下说，不能对外传。像这样的情景差不多每隔两三天都会有一次。不仅A、B、C三个，公司里的很多员工也都各有队伍、自成帮派，这都是公开的秘密。

临近年关时，C忽然接到家人的电话，通知他说年迈的父亲要做手术，手术费要七八万元，家里东挪西借筹到了一半，还差一半要C想办法，并且，要在三天内汇过去。C一听傻了眼，虽说自己毕业多年，但平时花钱大手大脚，根本就没多少积蓄。时间还那么紧，如果是年后，自己的年终奖加工资也就够了。可是现在，他一点办法也没有。

第二天，愁眉苦脸的C把这件事情告诉了好朋友A、B，但他俩也都说没有攒钱，手头上仅有的钱是供每月开支用的，借给了C，这月的房租、水电费都交不成了。

心情沮丧到极点的C的工作状态明显不如之前，领导交给的方案，C用两天还没写完初稿。细心的部门经理发现C有些问题，一打听才知道他家里的事。热心的经理出谋划策，建议由大家出资帮助C，直管领导资助两千元，分管领导资助一千元，普通员工量力而行。

第三天，C快要绝望之际，大家凑齐的五万元钱通过财务部门打到了C的工资卡上。

C的父亲顺利地完成了手术，并很快地康复了。这个冬天，C感觉特别的温暖。

很多员工跟上文案例中的C有同样的经历。入公司时间差不多、能力相近、年龄相仿的平级同事是“哥们儿”，美其名曰是同类人。平时有说有笑，不但上班时间形影不离，下班还相约一起吃饭、逛街，晚上在微信群、QQ群里聊天，谈笑风生，聊得不亦乐乎。

有很多人在自己所谓的同类人的圈子里每天“乐不思蜀”。当你健康、平安、年轻时，有他们陪伴，觉得日子过得很快，这样很好。但当你碰到困难或者不顺时，他们是否会伸出援手帮助？当工作上碰到困难，需要指点迷津时，这些人能否给出方法？通常情况，一旦你碰到困难时，而他们照旧每天这么开心。久而久之，你们无论是在思想上还是在行为上都会产生距离。慢慢地，你们就不是同一类人了，他们就会把你“踢”出原来的圈子，他们只能是在顺境时吃喝玩乐的朋友，并不是你在职场上能够互相帮助的真朋友。

在职场上，所谓的同类人相互之间有竞争和利益冲突，一旦涉及利益便格外脆弱，很难经得起考验，也很难成为真正的朋友。职场上既然只有利益，没有朋友，那就要把工作上的事情做好。这样才能获得领导的认可和更多的机会，获得职业发展的更大空间。或许，当你遇到困难的时候，真正能帮助你的人是领导。

请慎用你"贴标签"的权力

十

标签易贴不易揭，印象既成难涂改。士别三日，当刮目相看，谁都没有洞穿未来的超自然力量。因此，在日常交往中，千万不要对别人妄下结论、乱“贴标签”。

M公司在同行业中业绩骄人，总经理K也很优秀。在二十世纪九十年代，像K这样能文能商的人才实不多见。

工作中的K喜欢相人，这个内部消息在公司也是公开的秘密。

之前，因M公司业务需要，A被招聘进来。A言语不多，但手脚勤快。没三天，K就给A贴上了标签：诚实、可靠。果然不出所料，在以后的时间里，大家都觉得A这个人诚实、厚道。K的善断让不少员工折服。

随着业务的扩大，陆续又有新人被招聘进公司，B就是其中一员。B是做与IT相关的工作的，算是公司的“稀有物种”。B身材瘦弱，戴副眼镜，言语少，声音沙哑，举止弱不禁风，还爱睡懒觉。几天之后，K在跟管理层其他人闲谈时给B贴出标签：难成大器。可是，后来的事实却是：虽然B有点爱睡懒觉，但基本没怎么迟到过；B虽有些瘦弱，但工作时精神饱满，努力、认真。B凭着优秀的专业水平将工作做到极致，为公司能更好地拓展业务创造了良好条件。与B相处的领导或同事总觉得——“有活儿、有难题了，B就出现了。电脑或设备弄好了，人也就消失了”。没等试用期满，主管领导报请K通过了B的转正推荐，B提前一个月转成了正式员工。

了解到情况的K出于好奇，特意观察了这个小伙子。后来，K进一步获悉，B之所以爱睡懒觉，是因为总是熬夜，他在攻克一个具有前瞻性的软件程序。身体瘦弱就是因作息时间不规律所致。这时，K不禁怀疑自己前期给别人贴的“标签”。这时，K已明显改变了对B的看法，认为B可堪重任。

在一次同事聚餐时，部门经理跟B说了K对他的评价，B听后倍受鼓舞，工作劲头大增。刚好公司此时有新产品需要及时推广，急需一款软件。B就毛遂自荐。结果，在最短的时间里，B为公司量身定做了一款应用软件APP，推向市场后获得了成功，为公司参与相关竞争获取了极大的主动权。

在一次公司聚餐时，K略带歉意地说：“之前错看了B，没想到他的能量像个小卫星。幸亏我及早改换了‘标签’啊！”

我们常常通过“贴标签”来对一个人进行大致的判断：这个人是“情歌王子”，那个人是“夜店女王”，知识丰富的人叫“百科全书”，美女都是“宅男杀手”……再比如，女生逻辑思维差，四川人都吃辣……同样，面容姣好的女生往往会得到别人更高的主观评价，这便是一种“美即是好”的刻板印象。这个时候，我们似乎都把真理抛在了脑后：永远不要被事物的表面所蒙蔽。

工作中，确实有人是表里如一、一成不变的，开始时是什么样到最后还是老样子，最终了解他的同事或领导就会说：我就知道他是这样的。但这只是一部分人，实际上有些人深藏不露，很难让人揣摩透。他们暗藏能量，随机应变，在关键的时刻往往表现出自己的才干来。这个时候，他们已经不是原来的那个“他”了。

上述案例中的 K 如果在发现 B 的优点与进步后不改自己给他贴的“标签”，势必会挫伤 B 工作的积极性与自信心。一旦 B 就此消沉下去，哪里还会有他日后在工作上的突出贡献？可见，领导给下属“贴标签”一定要慎之又慎。但是，反过来讲，领导即便是给你贴出了“标签”，不去理会它，“有则改之，无则加勉”。用实实在在的业绩说话，相信终有一天会得到他人公正、客观的评价。

通常，我们依据经验给他人“贴标签”，这容易使我们的认识过于片面，让我们习惯依赖于表面现象而对对方缺乏深刻的了解。

标签易贴不易揭，尤其是企业的管理者更应慎用手中给人“贴标签”的权力。用一成不变的观念对待事物，就容易犯故步自封的错误。贴的好，积极性高，成效显著；贴的不好，挫伤对方的积极性和自信心，还不如不贴。

竞争对手会让你更强大

十

将军能打，但必须先能“挨打”。经不起打，几个回合被打趴下，以后还怎么“沙场点兵，驰骋疆场”呢？

H公司刚起步，业务部新招聘来一帮年轻人，A、B是众多业务精英中的精英，二人业绩一直不相上下。

随着各项工作步入正轨，公司需要在业务部内提拔一名精英人物当经理，以便领导该部门的工作。消息一披露，A、B二人都铆足了劲互相“攀比”，业绩更是节节攀高。

A的语言表达能力强，与客户交谈时能言善辩，介绍产品时做到了详细、热情、得体。有时遇到客户的无理刁蛮，A也能耐心引导和沟通，直至顺利地与客户成交。这样一来，A的业绩不但远远超过同事，还比竞争对手B高出一截。

B素有网络高手之称，在接下来的时间里，他发挥自己的长处，把营销网络越做越大，通过网页、邮箱、

QQ、微信、短信及电话等，架构了自己的“网上营销王国”，一来二去，B的工作业绩就迅速地赶上并超过了A。很多年轻的业务员自然对B更加佩服，纷纷在不同场合表示支持B当新部门的第一任经理。

一家大客户是通过B的网络媒体接触到H公司的，该客户的总经理C出差时，专程来H公司拜访，想多了解一下H公司的情况，增进友谊，也便于以后大范围的合作。不料，C来找B时，B出差去了，公司总经理临时安排A接待一下C。A在与C交谈时，巧舌如簧，很快博取了他的好感。用餐时间到了，A还留下C一起用餐，餐后还索要了对方电话及其他联系方式。接着，趁B还没回来之际，A展开对C的攻势，用花言巧语赢得了对方的信任。不久，C的公司订购了H公司的一大批产品。与此同时，A还联络了几个业务“小兄弟”，游说造势，俨然一副“经理舍我其谁”的态势。

B从外地出差回来后听说自己的大客户被A抢走，并且，A就要当上经理时，B淡定地对身边的同事说：“感谢你们对我的信任，大客户从我这里走到A那里，但买的都是我们公司的产品，没有什么，只要买了就行。至于，他能不能当经理，公司说了算，我不在乎他拉帮结派。”

之后，B迅速投入到销售工作中，很快又结识了一批大客户，靠自己的实力，业绩又赶超了上来。

这些事情最终传到总经理的耳朵里，总经理深为B的做派和为人所打动，庆幸公司有这样的人才，这个业务经理该由谁来当，他心里已经有了数。

“竞争对手”这个词看起来很刺眼，可我们不得不承认，它确实存在，如上文案例中的A和B。在职场中，竞争无处不在。有竞争就会有对手，有对手就必将有摩擦和斗争。摩擦和斗争，有声或无声，有形或无形，有的有迹可循，有的可能无法用语言来形容，但不管如何，这种较量和较劲就在那里。因为存在竞争，各自都会想方设法使自己率先到达目的地，除了加快自己的速度之外，有人可能就会动歪脑筋：自己加不了速，那就给对方设置障碍，让对手速度减慢，以达到自己的目的。事实证明，与其耗费这么多的精力和能量给别人设置障碍，不如将这些精力和能量用在加快自己的速度上，即便进步慢了点，至少还是自己的，而且，心安理得。

从另一个角度讲，当别人给我们设置障碍时，要想方设法移除障碍；别人给我们设置圈套，我们不进套，假如不小心进去了，也要运用智慧巧妙解套。我们要用包容的心态，和对手好好过几招，能量高的最好别一下子把对手打趴下，几个来回让对方慢慢地意识到不妙。有些时候，“狗急是会跳墙的”，他可能会采用一些言语攻击之类的手段。这个时候，听之任之，不要管它，那些令人恼怒的言语就不会真的伤害到你。你可以听听，然后走开——你的上司会因此认为你是一个成熟的人。所以说，对手的存在，某种意义上说对你是有用的，特别是从长远来看。

当然，也会有这种情况：你的能量太弱，对方设一个障碍就把你给绊倒了。没那能耐，就要低调地学习，好好地练内功。不但修炼自己的工作能力，更要修炼一颗乐观、豁达的心，在职场中找到自我的价值。你要明白，在低调成长的时候，没有人会留意到你一天天强大，你若高调地“嘚瑟”，自然会有人想狠狠教训你一顿。

职场中有太多的学问，若要活得长久并能释放光芒，正知、正念、正能量是不二选择，我们推崇的是真、正、实的生存方式，即使碰到职场“敌人”也一样！

忌“倒挖东家墙脚”

十

东郭先生被狼追，农夫救蛇反丧命。职场中，人们各取所需，但自有规则。且不说要涌泉相报恩主，最起码也要谨奉职业操守。今天“倒挖东家墙脚”，等于自掘明天的坟墓。

老常是M公司的技术总监，多年来一直在公司担任重要职务，因为工作关系，老常培养了一批骨干，年轻的小梧便是其中一位。因小梧和总监老常还是老乡关系，二人自然就格外亲密，老常甚至把一些“绝活”也私下传授给了小梧。

随着IT市场竞争的不断加剧，一家公司看好老常，私下开出丰厚的条件吸纳人才。在巨额利益面前，老常辞去了担任多年的M公司技术总监的职务，来到这家新公司担任副总经理，仍然主攻技术。业务开展一段时间后，老常发现还缺少人手，于是就想方设法把M公司的小梧“挖”了过来。

小梧来到新公司之后，虽说当了部门经理，工作上还和原公司差不多，但因对现在公司的人员情况不熟悉，工作进行得并不太顺利。而这家新公司因为刚成立，招来的年轻人很多，刚好分到小梧组的几个人还很要强。一个月过后，小梧就感觉很不对劲，甚至有两个小伙子公开顶撞过他。到第二个月时，小梧感觉更糟糕，反对他的人增加到四人。后来，小梧的业务越来越开展不动，甚至反而不及之前。

当小梧带着疑问去找老常时，没想到老常也是“泥菩萨过河——自身难保”。无奈之下，小梧离开了新公司。当他再去M公司应聘时，遭到断然拒绝。之后，很长时间，小梧没有找到合适的工作。而老常所在的新公司，因急缺小梧这样的技术精英，业务也做得艰难，最终公司改型，靠技术吃饭的老常也失业了。

据知情人透露，这期间，M公司也因关键技术上失去两位骨干，造成很大的损失，很长时间都没恢复元气。

“跳槽”，在今天的职场上是很普遍的事，本无可厚非，但上文案例中M公司的老常“跳槽”引起的一系列举动却是不正常的，最终给几方都带来了损失。老常作为原公司的技术骨干，曾经给公司带来过很大的经济效益。但是，老常的贡献和M公司长期培养也有很大关系。如果没有公司多年的培育，老常怎么能够在技术上如此精湛呢？一家公司像带孩子一样，把一名普通技术人员带成拔尖人才，要付出多少成本？这是一份沉甸甸的情义在里面的。当面对利益诱惑时，老常完全考虑自身，丝毫没顾及原公司的状况，喜新厌旧，利令智昏，竟然放弃M公司；并且，还挖走了正在为老东家卖力的小梧。再来看老常所带走的徒弟小梧的命运。小梧放弃了一个自己很熟悉的工作环境，去一个完全陌生的地方，虽说是做了小头目，但这样“空降”来的，人家自然会有些排斥。小梧遭到年轻员工的对抗明摆着就是在为难“新官”吗？所以，小梧在新公司立足困难。后来，当小梧失业后，再返回原来的M公司应聘时，遭到断然拒绝。是的，任何公司也不会再把这种“白眼狼”放进来。因而，小梧的结果是两头不得好。我们再单纯地从工作的角度来看，新公司在招来老常和小梧后，业务能不能立马就做好呢？小梧是老常带过来的“老兵”，他俩互相知根知底，在很多时候也许因为碍于情面，就不好公事公办。这样一来，具体事务未必能做到最好，工作就可能走样，结果未必理想。再说，小梧是一直跟着老常学习的，即便是到了新的公司，但套路还是老套路，思维还是老思维，很难突破和创新。一家技术公司一旦失去创新的动力和能力，其产品的老旧程度可想而知。

上文案例中，因老常的错误使几方都蒙受了损失，包括他自己也在新公司改型后失业，过不在别人，正所谓咎由自取。但是，上文案例中因老常离职带来的多米诺骨牌效应，却不得不发人深省。

职场遭遇不快，确定要与原东家分手，最好优雅地离职走人，完美谢幕，如此还会给别人留下念想，说不定将来还会“再度喜相逢，续写新篇章”。如果你先有不仁，以后就甭怪别人不义了。所以，在职场上最好不要“倒挖东家墙角”。

第三章

自然而真实

心没法包装，也没法化妆。人心相通，真诚就行。

清水出芙蓉，天然去雕饰。
天然就自然，
自然就淡然，
淡然就自在，
自在就洒脱。

不要恃才傲物

十

山外有青山，楼外有高楼。战场上，骄兵必败；工作中，谦虚使人进步。在龟兔赛跑中，得冠军的是跑得慢的乌龟。

在竞争激烈的智能手机市场，X公司生产的品牌手机外观设计好，性能更好，很快便成为市场上的抢手货。该品牌手机的销量也一再飙升，短期内业绩创下了历史新高。负责研发此款手机核心部件技术的小格也因此获得了公司的特别嘉奖。自然，小格也成为了行业里很有名气的技术专家。

年轻的小格表现出超人的才华，青年得志。X公司出于人才战略考虑，提拔小格做了分管技术的副总经理。小格名利双收，有人甚至把小格传成了神话。在一片“格总”的赞誉声中，再也看不到那个谦谨、干练的小格了，摇身一变成了大气、霸气的“领袖人物”。

在一次有公司全体高管参加的宴席上，酒酣之际，小格端着酒杯，环顾四周，眼看天花板，悠悠说："我们公司的包袱过于沉重，要不是上次的技术革新把核心领域攻破，哪有公司今天的辉煌，你们又怎能坐在这里享受如此美酒？"顿时，全席哑然，连公司总经理也不知说什么好，只得干笑了两声。

小格的改变也体现在不久之后X公司"二代核心技术"手机的研发上，小格不肯再花心思去精雕细琢，工匠精神荡然无存。有几个同事很是担忧，先后向他反映情况，也被他一句"我上次不是做得很好吗"，挡了回去。

一年后，X公司原来投放市场的那款手机的优势很快被别的同类产品取代，该手机的销售额直线下跌。于是，公司决定将已研发的第二代产品投放市场。

在强大的舆论造势和宣传后，人们盼望已久的X公司"二代核心技术"手机闪亮登场。由于第一代手机得到了老客户的力挺与关注，新产品也让万众瞩目，其销量一如人们期望的那样好，一时又创造了销量新纪录。这样的业绩让公司的每个员工和领导都沉浸在一片喜获丰收的气氛中。

不料，新产品投放市场两个月后，开始有少量客户反映情况，说二代手机存在着质量问题，大家认为这是偶然现象，让售后服务部门去处理了。但是，第三个月后，大量的客户要求退货，原因是手机核心技术部分出现了严重问题。

事发突然，X公司迅速陷入塌方式的困境中，最终"命丧"手机市场。

在上文案例中，生产手机的 X 公司因为小格在技术方面的独特造诣，使企业的产品质量一直保持在同类行业中的领先地位。其新推出的某款第一代手机销量一时创下历史上的新高，小格也获得了嘉奖、升迁了职位，可谓名利双收。春风得意马蹄疾，一日看尽长安花。在业绩面前，小格变了：他认为自己是技术奇才。第二代手机研发攻关时，其他研发成员都很谨慎，唯独关键人物小格却轻狂、自大，动辄便说“我上次不是做得很好吗”，把别人的好意见、好想法全挡了回去，为产品质量埋下了致命隐患。后来，结果证实：正是小格的轻狂、自大葬送了一个好端端的企业。

职场上，不少人因一身绝技在企业里受重用，成为公司技术上或管理上的顶梁柱，但时间一长就找不着北，别人说的话就听不进去，飘了起来，俨然公司没他不行。一旦如此想，害处大无边。上司听到不高兴，平级不耐烦，下属不开心，你自诩独大，他们岂不是没了功劳？你摆出这种架式，碰到大度的上司不跟你计较；但碰到气量狭小的上司立马会给你“好果子”吃了：人才多的是，公司少了谁都行，实在没人，我请一个，你哪远去哪儿去。

无论在职场中，还是在生活中，万不可恃才傲物。否则，误人害己，悔之晚矣。成功人士都是聪明能干之才，在初步取得一些成绩后，即进入关键的“再次考验期”。这时，戒骄戒躁、虚心扎实，日后自然成就一番大事业。反之，必然会摔跟头，如果是权柄过重之人，则必酿惨剧。西楚霸王项羽自小天资过人，能力超凡；但在后期，他恃才傲物，功败垂成，令人惋惜。三国时期西蜀的马谡自恃熟读兵法，结果傲物轻敌，失守街亭，概莫能外。

古人有：“战战兢兢，如临深渊，如履薄冰。”如此谦虚谨慎还怕犯错误，更何况自以为是、恃才傲物呢？

袒护的行为终会害己误人

十

老鹰来了，母鸡张开翅膀，保护了小鸡，这是游戏。事实上，老鹰更喜欢又大又肥的母鸡。工作中，如果无原则地袒护部属，不但误了别人，更害了自己。

车间主任A是总经理的老同学。正因如此，总经理觉得把重要的事情交给他办才放心。

A主任为人诚实，待人和气。在企业里，甚至有些年轻人把他视为父辈。A也乐于如此，工作上大家相处融洽。业余时间，A还经常被年轻人邀约喝上两杯小酒。不料，祥和之中却忽然冒出不愉快的事情。一日，在半夜三更时，A主任的电话忽然响了起来，原来是总经理打来的，总经理告诉他生产车间因气体泄漏，导致一人死亡，让他赶紧到现场处理问题。

等A赶到现场时，总经理已经到了。公司立马采取措施，尽快处理问题。经过十多天的协商谈判，最终公司向死者家属赔偿了一笔不小的费用。

事后，公司高管层一致认为：这起事故的直接责任人是车间当值工人，负领导责任的是A主任，因为他的管理在安全方面存在漏洞。最后追责时，总经理却念及多年的同学、同事情谊，以“过去曾在公司多年的苦劳”为A开脱，只是让其保证以后不再有此类事件发生。

这起事故的发生也曾让A警醒了一段时间。一年后，不想又有一名年老的员工从高炉上摔下来，虽经及时救治保住了性命，却丢了一条腿。为此，公司高管们再度要求追究A的责任并迅速更换车间主任。面对如此被动的局面，总经理也深感自己用人不力。于是，让一向工作积极、点子多的B接替原来A的车间主任，让他加大车间在安全生产与节能降耗方面的管理工作。

B上任后兢兢业业，时刻把安全问题放在第一位，并制定出全面的安全生产考核制度，定期检查，责任到人，还形成一个从总经理到普通工人的安全网络体系，指定每人所在的安全位置和操作要求，最终确保了安全生产的顺利进行。

多年之后，公司成功上市，且位居同行业前列。回顾之前的安全事件，总经理不禁感慨万千：作为领导，坚决不能偏袒、庇护有错员工。否则，恶性循环，必定会损失惨重。

在上文案例中，公司总经理念及同学情谊，任用A为车间主任。因A平时疏于防范，生产环节漏洞百出，给企业带来巨大损失。第一次出现事故时，公司高管层里已有呼声要求撤掉A的车间主任职务。总经理损失了那么多钱来赔偿死者家属也很痛心，但还是顾及私人关系，没有换掉A的车间主任。客观上，等于是偏袒、包庇了A的错误。一年后，事故再度出现，一个员工从高炉上摔下来。虽说保住了性命，但后期的误工、医疗与生活保障却给公司增加了一个很大的包袱。

企业最怕事故，出了问题，公司可以袒护，领导们也可以不再追究，但安全生产却容不得你的胡来或任性。不管你是什么理由，袒护的结果终究先是误人，最后害己。假如一开始出现纰漏，不遮丑、不袒护，及时予以纠正，错误就不会再次出现，自然也不会给公司再度造成损失，客观上对他本人也有好处。领导若一意孤行，执意袒护，那么，必定付出更惨重的代价，累及企业，直至关门倒闭。更为可笑的是，这种袒护的毛病并不是存在一处的，它往往枝叶互连，形成一片，极可能形成连锁反应。杜绝这种袒护行为的最好办法是由上而下的自觉，那种有可能袒护下属的领导要高度警醒，避免自己不犯错误；对于管理层方面，在事态萌芽时期即斩草除根，不留“害己”和“误人”的机会。这样，企业生产才能确保安全无虞。

出现差错，偏袒属下或亲友的行为，首先害的是对方，也会害了自己，以至于酿成悲惨的结局。痛之，戒之！

吃饭中的“买单文化”

十

吃饭买单是职场中令很多人头痛的一个问题。有人处理不好它，“谈饭色变”，以至于到了吃饭的点常闹心。

小林是刚入职场的年轻人，对职场文化还不是很了解，在几次与同事、领导一起吃饭时比较纠结和困惑。

小林有次和几个同事一起去吃饭，一开始，大家都热情高涨，饭桌上气氛很活跃。可是结账时，尴尬的一幕发生了：有的人装醉趴在桌子上睡觉，有的人溜去上厕所，还有的人像没事一样拿着手机看朋友圈……害得服务员在旁边等半天，追问找谁结账。小林实在受不了这种沉闷的场面，就主动先结账了。但出于面子，他又不好意思开口跟同事们分摊餐费。后来，那个月他吃了两周的方便面，原因是那顿饭足足花了他一半的月薪。

还有一次，小林刚跨进餐厅的门，忽然看见总经理也在餐厅，内心不禁打起拨浪鼓：总经理也在这里，多有不便。是在这里吃，还是出去吃？如果进去，就要跟总经理共进偶然的晚餐，别人会怎么看？出去的话，万一被总经理发现了，总经理会怎么想呢？他迈着犹豫的脚步，惴惴不安地走到点菜台。

总经理看见了小林，很主动地跟他打了个招呼。小林一时紧张，舌头不打弯，很生硬地应声：“哦，总经理也在这里。”点单之后，小林又犹豫起来：到底是一个人坐还是与总经理一块儿坐？最终，小林还是选了个稍远的地方坐下了。

快结账时，小林内心又起伏不平了：我是结自己的账，还是把总经理的账也结了？如果把总经理的账结了，别人会不会说拍马屁；如果不给总经理结账，他以后会不会给我“穿小鞋”……恍惚中，小林走向了收银台。

“总经理的账不用结的，他是 VIP 金卡会员。”餐厅收银员对小林说。

上文案例中，小林吃饭吃得很是压抑，吃的时候很不自在，他所遇到的情况估计很多人都曾遇到过。这件“说小也小，说大也大”的事情，确实折磨过不少初入职场的年轻人。

小林第一次和几个同事吃饭，心眼实在的他花掉了一半的月薪，啃了两周的方便面。有些人碍于情面就选择了自己“买单”，可有人就会来钻空子，更有甚者就是专门蹭饭吃的。这些人也不想想，大家都是同事，你这种脸皮厚的做法，谁心里不反感呢。但是，话说回来，小林在结账之前，如果试着与大家沟通一下怎么结账，可能同事里面也会有一两个人附和，那就有可能不会是他自己“买单”了。

第二次，小林自己吃饭时偶遇总经理，难以权衡，让他迷茫和困惑。当你和对方是上下级关系时，你去为对方付餐费，确实有拍马屁之嫌；而不付钱或佯装没看见似乎也不合适，毕竟人家是领导。可是，我们常见到的情况是，有些领导很有“领导魅力”，吃完饭主动为员工“买单”，并说：“我工资高，理该我请。”此举不仅融洽了关系，还笼络了人心。相反，有的领导长时间没请员工吃过一顿饭，也可能会失去与员工沟通的机会。一个领导总是不请员工吃饭不对；而员工总请领导吃饭，自己的腰包也受不了。

像上文案例里小林这样的事情，我们几乎每天都会遇到。吃饭是正当的事情，是开心的事情，但这账谁来结？账结的不好，吃的也不开心、不安稳。那么，为了让大家吃得开心，为了解决这个现实问题,企业有必要建立自己单位的“买单文化”。

如果是与同事一起吃饭的话，“AA 制”就行了。这样不管是谁，在心理上、经济上都不会有负担。

坚决杜绝下级为上级买单。如果领导是企业的所有者，和员工碰到一起吃饭，账单自然由领导来结，但员工也不要点太多的菜，以免造成浪费。如果是职业经理人，偶尔为员工“买单”也不错，但不可能每次都“买单”。

如果有人因为某件事情说是要庆祝一下，吃饭之前要说好谁来“买单”或怎样“买单”。同事之间请客，偶尔为之，可增进友谊，天天如此，谁也受不了。建议大家留有余地，适当聚聚。

决定你去留的不是领导

十

如果你有一身绝技，浑身是宝，那么，你就是职场中的“珍稀动物”，必然大受欢迎，领导也会成了你的服务员，你是走是留当然自己说了算。

一位研究职业能力与就业指导的专家M来到南方的S公司，要对有关方面的事情进行调研。

在S公司里，一件事情引起M的好奇：A、B都是学冷门专业的，B还比A早来S公司半年。可是，晚来的A现在已成为公司的一个部门的主管，B一直以来都是做的前台工作。难不成A是公司某个高管的亲属？于是，M寻到合适的机会来找A聊天。

“据说你比B要晚来半年，可是，你升职比她快，现在已做了部门主管。有什么秘密或诀窍吗？”M问A。

“秘密、诀窍肯定是有，”A说，“第一点就是多看书、多充电。你看这是我最近看的关于经济方面的五本书、企业管理方面的四本书，还有接人待物、提高修养、职场实战学习的六本书。通过学习，我丰富了阅历，提升了境界。之后，我根据所学的东西，结合公司现状，客观地、实事求是地提出《公司在新经济形势下迅速发展之方略》。正因有了这些，我才能把工作岗位上的事情做深、做细。我光在工作方面的心得笔记就有十一本，你看。”

看着这一堆书，再翻翻那记得密密麻麻的笔记本，又浏览了一下那篇题目为《公司在新经济形势下迅速发展之方略》的文章，M很欣赏地点点头。

之后，有一次路过前台时，M看见B无聊地坐在那里看淘宝网页。

“您好！”B迎接道。

“你好,感觉这份工作怎么样啊？想没想过换换岗位呢？”M与B攀谈起来。

“我当然想换啊！但是，我以前学的是冷门专业，好难找工作的……我实在不想再做前台了，都跟领导说过好多次了，也不知道领导是怎么想的。比我还晚来半年的A既找到合适的岗位，又升职、加薪了，就我倒霉。哦，实在没办法……”B唠叨着说了很多，怨言里明显带有不解。

“请你稍等，据我了解，A任职时间虽短，但她看了很多新领域、新业务方面的书，还给公司提过合理的建议。你在这方面做过吗？”

“我怎么知道哪些要学，哪些不用学？公司没安排给我啊。”

结束了调研，M收获很大：是的，像B这样的人在职场中并不少，找不着工作就说是自己专业没学好，没有背景等。应该鼓励年轻的员工利用空余的时间多看书、多学习，日后才会有所发展。

上文案例中，通过M的调研，我们很清晰地看到A、B之间的差别：一个晚来的升职加薪了，早来的却面临淘汰出局的危险。A、B所学的专业都不对口，但A能再学习，而B却在浪费时间做无聊的事情。现在的A已不再是以前的那个A了，她通过自己的努力，依靠学习提升了自己的能力。是A自己掌控了自己的命运。B一成不变，反倒埋怨自己当初没选好专业，认为自己的命运在领导手中。

在现实生活中，我们经常还会遇到下面两种人。一种所在的岗位工作很清闲，工资也不低，曾经的她（他）是很多人都羡慕的对象。她（他）被辞退后，公司取消了这个岗位。这就是说：她（他）所在的岗位其实是可有可无的。当公司开始解决这个问题时，由于工作清闲，她（他）会的东西也少，转到其他岗位显然不合适，只好辞退。也就是说，她（他）的能力决定了自己的去留。另一种人是这样的，给人的感觉还是挺好的，对同事也不错，但还是被淘汰了。原因是他（她）的办事效率很低，同样的工作，其他同事可能三个小时就能完成，而他（她）可能要用五个小时甚至更长的时间，有时候还要别人帮忙。大家都是在相同的岗位上工作，领着相同的薪水，为什么他（她）不仅不能做好自己的事，反而还需要同事的帮忙呢？不够努力，同样会被淘汰。借口有很多，但就是没有反省，不去学习。“活到老，学到老。”我们都需要不停地学习！

公司自然需要能够给其创造价值的员工，谁能创造更多价值，谁就能留下，这在平时早就决定了，哪里需要最后才做决定呢？一个人在公司能不能留下来，不是他（她）最后勇于表现就能决定的，而是在平时的细节中早就决定了，根本不需要等到最后！在很大程度上，是你自己决定了你的价值，决定了你在公司的去、留、升、降。这些其实都是前期你自己做足了铺垫，只不过最后是通过领导的奖、惩命令表现出来罢了。

没有绝对的公平

绝对公平只是很多人一厢情愿的臆想而已，实则难以做到。

尤美进C公司做计划部主管有一段时间了，除了工资，她就没享受过另类待遇。一个偶然的机会，她得知行政主管关玉的手机费竟实报实销，这让她感觉甚是不平：凭什么呢？想想那关玉，天天坐在公司里，从没听她用手机联系过工作，却享受如此待遇。不行，我也要向上司争取！于是，尤美借汇报工作之机，向上司提出申请，上司听了很惊讶，说："行政人员不是都没有通讯费吗？"

"可是，关玉就有呀！她的费用实报实销，据说还不低呢。"

上司听了沉吟半晌，道："是吗？我了解一下再说。"

这一了解就是两个月。见上司没动静，尤美忍不住就向同事抱怨。不料，却被一位老同事一语道破天机："你知道关玉的手机费是怎么回事？那是上司家属的电话，只不过借了一下关玉的名字。就你傻，竟然想用这事论高低，你以为你是谁呀？你不是自找倒霉吗？"

尤美吓出了一身冷汗，暗暗自责不懂高低深浅！怪不得最近上司见了自己总皱眉头！从此，她再也不敢提手机费的事，看关玉的时候也不眼红了。

还有一次，尤美去后勤部领文具，后边紧跟着白苹。恰巧就剩最后一个文件夹了，尤美笑着抢过去说："先来先得。"白苹可不高兴了，说："你刚来，哪有那么多的文件要放？"尤美知道白苹隔几天才做一张报表，就不服气："你不就做几张报表吗？又有什么文件好放？"一听这话，白苹立即拉长了脸，后勤部的同事连忙打圆场，从尤美怀里抢过文件夹，递给了白苹。

尤美气呼呼地回到座位上，一位同事端着一杯茶悠闲地走进来："怎么了，有什么不服气的？我要是告诉你白苹她叔叔每年给咱们公司三百万元的生意，你还会想不开吗？"然后，打着呵欠走了。

当天下午，后勤部主任给尤美送来一个新的文件夹，一个劲儿向尤美道歉，她说她得罪不起白苹，她是领导眼里的红人。白苹有广泛的社会关系，不少部门都得请她帮忙呢，况且，人家每年都能拿回一两个"大单"。

尤美这回真傻了，愣愣地坐在位子上……

世界上到底有没有绝对的公平呢？也许，有些人会说，湖面、海平面是平的。远看确实如此，但我们到海上去的时候，就可以体会到海平面的不平。大海是一刻不停地波涛翻滚的，根本没有一刻是平静的。就是看上去很平的大沙漠，也是有一道道的“沙浪”的。即便是人为制造的所谓的“平坦的公路”，其实也是不平坦的，大多都是中间高、两边低的，不然就会造成积水。在世界上，你很难找到一个绝对公平的地方，自然界如此，人类社会也如此。

很多职场新人容易产生一种不平的感觉：自己总是干活多，得到的好处少。这种想法其实是比较幼稚的，上司心中要比你有数，在用人和待遇方面，只有你考虑不到的，没有上司考虑不到的。

一味追求公平是一种不知天高地厚的莽撞之举，“追求真理”的“正义使者”也容易讨人嫌。有时候，你所知道的表象不一定能成为申诉的证据或理由。对此，你不必愤愤不平，等你深入了解了公司的运作文化，慢慢熟悉了上司的行事风格，也就能够见惯不怪了。

领导不是傻瓜，绝不会平白无故地让人白领工资，那些看似游手好闲的平庸同事，说不定担当着“救火队员”的光荣任务，关键时刻，领导还需要他们往前冲呢。在此情况下，和他们过不去就是自讨没趣。绝对的公平是没有的，凡事莫认真，努力做好自己的工作才是当务之急。当我们在职场中遇到一些不公平的事情，应该调整好心态面对不公平，或许就会释然了。

合理的是训练，不合理的是磨炼，不管合不合理的都是一种修炼。所以，不要太纠结于所谓的公平。如果遇到了真的不公平，那才真是历练你的最佳时候。

不要让谎言毁了你

十

世上没有不透风的墙，纸里包不住火。但凡说谎的人都是极聪明的，可也不要忘了聪明反被聪明误。谎言一经揭穿，说谎的人就成了过街老鼠，人人都要喊打。

小C的业务能力很强，来K集团差不多五年了，但就是因见解、脾气与顶头上司B不合拍，常受到压制。这样一来，小C就难免有意或无意地对领导B表示出不满。

有一次，小C获得和集团总经理A一起会见大客户的机会。席间空隙，见左右无人，小C假装不经意地说起了自己的上司B在背后如何对总经理A颇为不满，其中除了添油加醋的话语外，顺便还无中生有地夸大了事实。听完了小C的话后，A本来就黑的脸变得更黑了。

没过多久，集团突然取消对B的优惠福利及评优资格，并且，还多下派生产指标等。对这些，B苦不堪言，只能顶着压力工作。

后来，在公司的一次部门会议上，A和B突然因为某件小事发生了争执。两个人吵得面红耳赤，都拍了桌子，全都热血上涌，说话火药味十足，甚至不顾后果了。被逼急了，B忽然发难，一定要A对最近给他“穿小鞋”的事给个交代。

如此犯上，不顾制度与脸面，A也被挤到墙角了。情急之下，A直接把小C那次说给他的话和盘托出，把小C编的谎言当作证据原样复述了一遍。一时僵持不下，场面难以调和。这种情势之下，小C被传唤到现场。

小C被叫来对质，他心里清楚是怎么回事，心慌意乱，不知如何应对了。小C窘到极点，面红耳赤地站在那里，只得一五一十地交代出自己怎样编造谎言，致使两位领导产生矛盾，直至出现今天的场面，给集团公司及双方造成重大损失。

像电视剧的场面一样，A、B都对小C不信任了。

冰消雪释后，A、B很快握手言和。但关于小C撒谎骗人的事在公司传得尽人皆知，人们见了小C就躲闪。

搬起石头砸了自己的脚，小C在公司再无存身之处，只好灰溜溜地离职走人了。

人生中，职场上，谁没撒过谎？问题的关键在于，只要不被戳穿，一切都好。而问题的另一个关键在于，你一旦开口说出一个谎言，就要接着用另外一百个谎言来圆。如此一来，怎么可能不被戳穿呢？

在职场中，要与他人建立起信任可不是一件容易的事。信任是经不起任何谎言考验的。若为了一件小事撒谎，一旦被对方识破，要重新建立信任是很困难的，哪怕你用一百件事情都弥补不了。这时，你失去的是同事的信任与领导的重用，失去的是自己在职场的晋升机会。这显然是得不偿失的。

在职场上，你越坦荡，领导越觉得你忠诚，人最难容忍的是被欺骗。一个忠诚的员工能给他人以信赖感，他不仅能赢得领导的信任，更为自己的职业生涯带来益处。工作中谁都有可能犯错误，即使做错了，也不要欲盖弥彰，坦荡荡与领导实话实说。优秀的领导都不会揪着员工的错误不放，更深知员工的成长过程就是一个不断犯错误和不断改正错误的过程。不要自作聪明，为了掩盖你的错误向领导撒谎，这样只会让你更加得不到重用，进不了他的核心圈。即使现在领导重用你，也是暂时的，一旦他日后找到合适人选，你也会被打入冷宫。

例如，某公司有一个员工负责一个不小的项目，如往常的例行检查一样，领导询问项目进展如何，他把所有项目清单列出来：完成进度、完成情况、碰到的问题等一一展示给领导。以往领导只是听听汇报就可以了，可那天领导突然要带着清单去现场验收。幸好他当时的汇报内容全部真实，没半点水分，现场验收的情况与清单上的条目完全吻合。通过这件事情，他也进一步得到了领导的信任。试想，那天万一他想当然地判断领导与往常一样，只是在办公室里听汇报内容，然后夸大其词，那不是要被戳穿了吗？当然，他可以把责任推卸给下属，说材料是下属汇总上来的。但如果这样，他能获得领导的信任吗？通过这件事情，领导越发信任他，放心地把越来越多的项目都交给他负责，让他有更多展示才华的机会。

诚信是为人处事的最基本的准则，是职场人士的“金质名片”。要想在职场中有发展，要想得到领导的信任，那么，在领导面前一定不要撒谎。要么不说，开口必须说实话。

不轻易在背后品评领导

十

哪个人前不被说，哪个背后不说人。说也好，评也罢，关键是否是积极的、正面的。可是，爱耍小聪明的人总喜欢在背后对领导指指点点，殊不知，这样做，过了嘴瘾，却害了自己，更毁了前程。

中午，A约B出来吃饭。

“你看咱们副总经理P，最近好像哪根神经又不对了，开会除了发飙训人，就是自吹自擂，真受不了。”A还没开始吃饭，就冲好友B诉开苦了。

A这月的业绩并不好，本身就苦恼，经领导一训，心情更坏，业绩更差。B深知这个情况，与其说同情A，不如说是在同情自己，因为她的业绩和A处于同一水平。于是，B附和道：“他有什么了不起，不就是运气好吗，碰到了一个好时机，遇到了一个好上司，做了副总经理。”

“你说他一没背景，二没靠山，说话还口吃结巴，动不动就说自己是苦干出来的，能力如何强。不就是命好，遇到贵人相帮了吗？”A 唠叨起来。

B 边低头吃饭边嘟囔：“整个销售团队大部分人的业绩都在下滑，也不光我们俩啊，本来就是淡季，加上我们领导的水平也不怎么高，产品自然难卖。怎能全怪我们呢？这样的领导如何带好团队？”

“唉！前天 C 离职了，她跟我说，P 快四十的人，到现在都还没结婚。”

“什么？没结婚！那他的儿子怎么都一岁了！”B 惊讶得眼镜差点掉到汤盆里了。

“小点声，你看！”B 抬头顺着 A 手指的方向看去，发现隔桌坐着同公司的 D。瞬间，二人愣住了。

吃完了饭，A、B 讨好地把 D 的账结了。出门后，二人不再言语，紧跟着 D。

“你们说的我都听到了。其实，人都有缺点，是吧？P 也不例外。但是，你想啊，业绩做好了，我们个人首先是获利者，谁不愿意过年回家腰包鼓鼓的？开会训人，那是他有压力、我们的业绩又完成得不好的表现，只有通过开会才能把任务明确。感谢今天你们给我‘买单’，我是不会把你们说的那些话透露出去的。你们想好了——自己的路自己走，自己挣钱自己花。”

两个月后，A、B 的业绩均冲到前列，还获得了本季度最佳销售奖。A、B 心里除了感谢领导的指导，更感激 D 的那番言语劝说。

许多人都有一个通病，在闲暇的时候喜欢议论领导，尤其是普通员工，可能在工作上与领导有些不协调，对领导的某些做法不认同，私底下就拿领导说事，调侃、诉苦……领导成为开涮的一个话题，成为众人的靶心，说领导这个不好，那个有问题。与同事发泄，觉得很爽、很解恨，殊不知，其实这种做法不明智。

在工作过程中，因每个人考虑问题的角度和处理问题的方式有差异。领导的某些观点与你不相同、不一致，不一定是领导的问题，大多是位置不同所致。领导职务高，拥有的信息量大，相当于领导是站在山顶看问题；而你呢，也许是站在山腰或山根看问题。再说，“人非圣贤，孰能无过”，领导也有缺点，也可能会犯错误。作为员工，最好的方法就是在恰当的时候当面找领导，向其表达你的意见，最好是根据领导的性格和脾气用其能接受的方式谈话，这样效果会更好些。这样做，领导也会感受到你对他的尊重和信任，对你也就多些信赖。这比你处处发牢骚好多了。

我们看到，办公室里的“祥林嫂们”通常都是满腔的牢骚，总爱数落工作和生活中的种种不满，自怜自艾，相互抱怨领导，私底下传递的都是负能量。但是，有时说者无意、听者有心，本来安心工作的人也容易被负面情绪困扰，尤其是新员工和本来就对工作或领导不满的人。负面碰负面，最终形成最具杀伤力的办公室负能量。领导最反感这样的人，一个人会传染一个部门，一个部门会传染整个公司，后果可想而知。当然，也有素质高的员工遇到水平高的领导，那在背后的品评则充满了正能量，等于是在替领导做变相的动员报告。遇到此种情况，则是企业、领导和员工三方的“福音”。

出差不是让你在外开小差

十

出差也是工作，甚至是更为重要的工作。万不可把出差当作出游，在外开小差。

荆经理任职于D企业，经常出差。

一次，荆又出差了，是要到一座美丽的大都市。因为事先约了老同学，荆脚一踏上这个城市，就被老同学接走了。然后，老同学帮荆找了一家环境好的宾馆先解决住的问题。接着，他们又去了早就计划好去的当地有名的旅游景区游玩。这样一忙活，两天过去了。接下来，荆又忙着到大型购物中心买东西，女朋友要的，家里用的，买了一大堆。这么多年，荆每次出差都是这样子的，用他的话说就是：来一趟不容易，该转的转转，该买的买买。

…………

这些事情做完了，出差原计划的时间也差不多要结束了。这时，荆才想起要办的事，赶紧匆匆忙忙地去与客户见见，交代一下。见完客户之后，荆就着急回去了。感觉很累的荆在家又休息了几天。

出差后来上班的第一天，荆首先到财务部门去报销票据。然后，去领导处汇报出差的工作情况。他的报告也很简单，因为他压根也没什么要说的，还是老样子，没有什么大的变化。

后来，D企业因没有竞争活力，连年亏损，最终被一家大企业给兼并了，人员重组，荆是第一批被清退的员工。顶替原来荆业务区域的黎与荆的工作作风截然相反。

年轻的黎在干了两年销售员后，因业绩突出被提拔为区域经理，他也经常出差。他出差有自己的三个步骤：计划准备充分；接触客户，努力开展工作；及时分析和总结。他还能利用出差获取尽可能多且新鲜的市场信息。每次出差回来，黎总是先到公司报到。向领导汇报完情况后，黎再把需要处理的事情做好，这之后才回家休息。

因为黎每次出差都努力、认真地工作，自然是业绩不斐。他心里清楚，自己这么快就升为区域经理其实就是努力的结果。

出差不容易，事事要学习，一路风尘莫在意，这是对那些长年出差的业务员现状的描绘。很多人是“出差代表公司，在岗努力做事”，因此赢得了大家的称赞。

在上面的案例中，荆与黎对待出差的态度完全不同：一个假公济私，一个认真、努力，结果当然是天壤之别。出差是因为工作需要，它本来就是工作，怎么就会有人认为是“山高皇帝远”呢？不可否认，有时公司也会特意安排一些休闲活动给出差员工，让员工领略风情、拍照留念等，但这都是出于工作考虑，是有意让员工开阔视野、放松心情的。

出差在外，正是远距离反观自己公司业务的绝好时机，只要留心，必有收获。

如此说来，出差即是工作，甚至是更为重要的工作。出差期间，以各种理由“开小差”的行为，都是假公济私的，应为镜鉴！

业绩好并不等于能力强

十

考试分数高，学生的知识水平就真的很高吗？项羽成绩优异，最后乌江自刎；刘邦品学拙劣，竟有江山万里。真正的武林高手，看不见他出招，对手已经倒下了。

A是职业经理人，之前在外企工作，形象好、气质佳，言谈举止中透着智慧和干练。

民营企业S公司要扩大规模，通过猎头公司高薪把A聘请了过来。

A对S公司初步了解后，询问："董事长，公司给我哪些业绩目标，需要完成哪些量化的工作？"

S公司的董事长说："我让你来是想让你帮我搞好公司的。"

A经理说："是的，不过得有具体的业绩目标，不然就没方向。如果不能按量地完成每项具体工作，也就无从更好地帮你搞好公司。"

董事长感觉A经理的话也有道理，但自己又不好准确制定业绩目标，就让A经理自己先订出量化的工作指标以及全年的业绩目标。于是，A经理很快就制定出一套全年的业绩目标任务：“销售指标八千万元（去年五千万元）；实体店铺新增一百家（去年一百家）。”

董事长感觉也行，与A经理议定：两项指标做到了，年终奖金五十万元。

之后，A经理开始工作，董事长也很放心地让他操盘了。

一年下来，业绩目标全部完成。但是，董事长产品的价格却降到了最低，折扣一打再打。最终算下来，公司没利润了。董事长拿来财务报表一看，盈利不及上一年的一半！原因是在A经理的操控下，店铺虽然多开了一百家，但大多店铺都不盈利。董事长拒绝付给A经理年终奖金。

A经理不管这些，拿着业绩考核数据，强辩自己超额完成了今年的预定任务，年终奖金应如期兑现。

董事长一听，火了：“什么？你只顾自己的业绩数据，为了完成它，不把公司利益当回事，所有产品都低价卖，拿我的钱拼命滥开一些不盈利的店铺。你怎么给我搞成了这样？请你来，是叫你搞好，谁叫你来搞坏？”

A反驳：“当初，业绩目标是通过你定下来的。”

最终，二人吵得不可开交，甚至对簿公堂。

…………

在上文案例中，S公司为扩大业务，董事长以高薪聘请来A经理。A是个职业经理人，为完成业绩目标而做事。可结果是，效益不及上一年度公司的一半，S公司的利润大打折扣。为此，二人闹上法庭。

职业经理人通常有个特点，做任何事情都按套路来：董事长，你要达成什么目标？我有哪些办法可以达到你想要的业绩目标。而企业的所有者不同，他们通常谋求企业长远、良性的发展。这就是企业的所有者与职业经理人的差别所在。

企业的所有者所关注的并不是什么业绩考核，而是企业的整体利益。创业办公司有很多事情，仅有几个指标是不可能概括的。而职业经理人以考核为自己的唯一导向，这样会让自己偏离方向。更有甚者，企业的所有者也可能被他们套了进去。最后，年度效益差，企业的所有者心疼、不满，自然会对职业经理人的能力有所质疑，这就会让经理人感觉企业的所有者不守信用。

职业经理人与企业的所有者达成预先的业绩目标时很明确，但真正的公司运作是没法仅用业绩指标来衡量的。业绩指标很难概括公司的总体目标，很难百分之百地体现公司发展的要求，这就导致了一方面是很多职业经理人拿了很高的薪水，而另一方面是公司却在亏损，甚至倒闭了。另一个原因是职业经理人为了拿到企业所有者的钱，杀鸡取卵，不择手段，经常为了达成短期目标做出有损战略目标的行为。例如，为了短期考核目标完成把本该以后做的事提前拿来做，这就造成企业发展的短期效益与长期利益相悖，最终裹足不前。

业绩考核指标受其本身的缺陷限制，导致职业经理人只盯着这一点，只见树木，不见森林，对其他本该协调的工作也统统割舍不顾。这就如同好好的一个有机整体，被割裂成几个碎片，丧失生命力，这样，还拿什么去与别的企业竞争？

“业绩指标也会骗人”。企业要健康发展，业绩指标要有，但不是唯一。没业绩指标不行，但唯此更不行。职业经理人不能老盯着绩效考核指标，即使圆满完成了绩效考核，也不代表你的能力强。

做事要有底线

十

底线即是原则，庸俗者认为是束缚，而进取者把它当作基石。有了底线，你就能跳得更高、更远。

性格爽朗、豪放的部门经理楠在公司爱开玩笑，甚至还喜欢来一些“荤段子”什么的。有时兴致来了，偶尔也会和朋友打打麻将。公司最漂亮的性感女郎M是部门经理楠的助手。

马上就要到旺季了，公司的事情自然很多，楠的助手M也跟着他忙得不亦乐乎。除了忙工作外，楠感觉助手对自己“明显地”关照起来，让他感觉这个冬天像是春天一样。

某个周五，已经下班了，其他人都走了。因为事情多，楠决定把手头紧要的几件事处理一下。楠坐在沙发上，俯身翻阅着茶几上摊开的文件。正忙着，他忽然闻到一股淡淡的香水味，一抬头，看见M正拿着文件站在身旁。略施淡妆的M更美了，楠的双眼看呆了。

M轻轻地紧挨着楠坐下，重力的作用让沙发形成一个坑。坑里，楠健硕的身躯和M娇小的身躯挤在了一起。

“经理。”M说着故意撩拨了一下秀发，带有清香的发梢扫过楠的脸颊，楠感觉脸颊一阵阵的发麻发烫。“经理，我们上次出差的票据请你签一下字。”话到手到，签字笔就送到楠的手中，M的小手还特意在楠的大手里磨蹭了一下，温润的电波瞬间击到了楠大脑的敏感区。

就在要签字的刹那间，楠忽然想起这笔数额很大的差旅费一个月前已经报销过了。立即，楠冷静下来。楠慢慢地站起身，走到对面的沙发坐下，镇定地说：“等等，这笔费用过大，要开会研究才能签字。”

“之前比这数目大的都没开会研究，经理你是不相信我吧？”

“我自有分寸，你无须多言。”楠冰冷地说。

此后，美女助手M对楠总是自觉地保持着适度的距离。

职场有规则，做人、做事要有底线。无论做什么事情，要保持自己的底线，就必须对利益有清晰的认识和整体的把握。任何人的底线是随着自己的社会经验和能力有所变化和调整的，但无论何时何地都有基本的原则，那就是在考验自己的底线时，有四个必须考量的因素：做个守法的公民，违法的事情不能做；做个专业人士，公司明文规定的制度一定不能违反；做个有良知的人，活得有尊严，工作才能有尊严；做个有商业道德的人，不侵犯他人的商业利益。很多人在职场中犯错误，未必一开始就想犯错误。事实上，他们在很多年遵纪守法、恪守道德的情况下，慢慢地放宽了对自己的要求，放宽了自己的底线，从而走上了不归路。做人、做事的底线不仅建立在自己的价值观上，同时，也建立在自我约束的能力上。

人生四关——酒、色、财、气。尤其是财和色，多少人因此栽了跟头，甚至“一失足成千古恨”。对美的东西，包括美女、帅哥，出于审美的心理作用，大家都不会反感。有些时候，有些场合还必须要美女、帅哥来点缀。俗话说：爱美之心，人皆有之。但当你碰到波谲云诡的事情，首先就要提高警惕。坚守底线，你不一定得到全部你想得到的；但没有底线，你所得到的一定是你不想得到的。

底线是一场勇敢者的游戏，往往让人置之死地而后“生”。因此，许多人宁愿放弃底线，苟且于世。真正的底线意味着“绝不”，意味着不可更改，意味着没有“也许”与“或者”。让自己的底线一降再降，相当于没有底线。如果不秉承“绝不”这一原则，永远有各种理由逼迫我们降低自己的底线。

不管人们追求什么样的生活方式或价值目标，都有一些基本的规则不能违反，有一些基本的界限不能逾越。否则，不但难以“存活”，可能还会“死”得更惨。

第四章

技高心细

油多不坏菜，技多不压身。职场有戏，全靠硬技，有技才会得意。

规矩能成方圆，
腐朽化为神奇。
武林高手，一剑封喉。
演技绝伦，
所向披靡。

简历越简单越有力

剑尖锋利是因为面积小，集中在一个点上。万事万物，越简单往往越能说明问题。世界万象，庞杂浩瀚，但大道至简，越简单的往往越有力。

一天，A来到某个大城市的T公司应聘，穿戴整齐的他带上事先准备好的简历，早早到达地点，希望好运眷顾自己。

在排队等候面试的过程中，A无意中看到别人制作的简历只有一些文字和图案，很简单，几乎就没有什么内容。反观自己的简历，可是花了很多心思的，先规规矩矩地制作出一个表格，表格里又详细地写着姓名、性别、出生年月、籍贯、政治面貌、第一学历、最高学历、现住址、爱好、亲属、联系电话、求职目标、薪金要求、工作经历、特别说明或要求等。工作经历和特别说明部分又写得满满的，还提出一些什么诸如“具体岗位要能适合自己的专业”等要求。

别人的简历那么短，自己的却内容详尽且丰富。A不禁想：求职是严肃的事儿，别人的简历内容只有一点点，怎能比得上我的？看来，这次是稳操胜券了。

面试开始了，大家按照排队顺序一个接一个地进去。然后，就在外面等候结果。出乎意料的是，A没被聘上，而恰恰相反，他看到的那个简历做得极简单的人却被录用了。

A大惑不解，他决定留下来，想单独请教聘用单位的负责人。

A等了很久，看着别人都走完了，A瞅准一个合适的空儿，厚着脸皮蹭到面试的领导跟前。

“请问领导，刚才那个简历很简单的人怎么就被聘用了？我的简历那么详细，却没有被聘用，这是什么原因？你能告诉我吗？”A问。

“正是因为你的简历过于详细，甚至有点烦琐。这说明你是个不分主次轻重的人，因而没被聘用。”主管招聘的领导告诉A，“每年招聘，像你这样的简历太多，我们根本就无暇顾及，只能从既简单又能看清基本情况、特长的简历中确定。记住，简历不能做得太烦琐。”

原来如此！A马上醒悟过来。

回去后，A按照“简历越简单越好”的原则，重新制作了简历。果然，在下次的某单位的招聘中，A脱颖而出，顺利地被录用了。

某企业一位长期从事招聘工作的领导曾感慨说："每年那么多的简历，其中合格的简历真是少之又少，偶尔才能看到一份版式简洁美观、内容上佳的简历。"

我们经常看到年轻的应聘者唯恐失去机会，把简历做得丰富、详细，但别人一看就知道这个人没有个性，没有创新。这样的人被录用后，大多是平庸之辈，甚至不能胜任该岗位的工作。招这样的人进公司，那不是公司的损失吗？

简历的内容不宜过多，一页最佳。页面各处对齐也是最基本的要求。由于精力有限，在看过你的个人信息后，简历的中间处是招聘者看得最认真的地方。所以，工作经历等更有说服力的内容最好放在简历中间的位置。即便是把简历内容压缩到一页篇幅很难，也一定要留出边上的空白。行间距、段间距要合理，否则，密密麻麻的文字会让人看得很不舒服。

有些招聘者常说：简历的表格或排版不太重要，有内容就行了。这是对的，而且一定是越简单越好。其实，对于那些已经在行业里有一定口碑、能力强、工作经验丰富的人来说，递简历相当于走个过场。如果你资历尚浅、能力还不是特别突出的话，一份"合格"的简历就很重要了。

总之，求职简历大有学问。普通的简历，最多只能找到普通的工作。要想实现不一样的人生价值，那么，就从第一份简历开始吧！

听懂上司的话里话

十

聆听弦外之音，切不可揣着明白装糊涂。装的结果，到最后就可能是真的糊涂了。

在南方某城市的经济开发区中，一条新街道的路面刚铺好，需要尽快铺设通信设施。S 公司是一家做通信的企业，希德经理之前与有关方面已签订了铺设这条街道通信设施的合同。

正值盛夏之际，环境状况不好，施工条件受限，希德经理有些犯难。时间紧迫，情况复杂，没办法，他决定开会安排施工。

A、B、C 三人都是 S 公司的部门主任。A 的技术强，为人耿直；C 能说会道，业务一般；B 则是实干型的。他们同时接到开会通知，内容是研究近期的施工事宜。

希德经理有个习惯——无论做什么事情，即使是自己已经决定的，也要开会讨论，他认为这样安排工作会更周全一些。这次会议，希德对三个部门的主任先谈了施工的事，接着又说："因为天气炎热，前天另外一家公司因户外施工造成了工伤事故，公司损失不小。但是，我们已经签下了合同，只能近期施工，现在想征求一下大家的意见。"

A首先发言：现在组织施工，天气炎热，施工困难，影响质量。A反对立即施工。

C虽说赞成，但他提出："是否选择雨天施工，这样不会太热。但要有防水材料，还要解决雨衣、雨具等问题。"

希德经理听完A、C两人的发言，转而问B："条件限制，工期很紧，现在组织施工是否合适呢？"

B心想：现在施工确有困难，措施不当必定会造成损失的。但工期不能再拖，经理今天来开这个会，明说是征求意见，实则是要安排施工了。但是，经理的意见遭到A的反对，C虽说赞成却提出一堆困难。眼前的事实是工程必须按期交付使用，经理其实已经没有退路了，施工是必需的。如果我反对，经理肯定会难堪的，得有人支持他。于是，B说："天热是事实，但可以多用工人，实行两班倒，每一班干半天活；同时，做好降温工作。雨天气温低些，但大雨天施工成本高、危险大，不宜施工。小雨、阵雨则基本不妨碍施工，也不会产生太多的成本……"

最后，B说："建议立即开工。"

经理希德听完，不禁开怀，总结："我们四个人开会，一人反对，二人赞成。我同意B的意见，按他说的立即施工。同时，这项工程由B来负责，有什么问题直接问他。"

一个月后，这项通信设施的铺设工程结束，B因此被提拔为副经理，C仍是老样子，而原来被看好的A则无缘晋升。

在上文的案例中，S公司签订了一个合同，需要在高温天气的情况下施工。工程完工后，原来被看好的A没有得到晋升，而关键时刻“站对队伍”的B却被提拔为副经理。B是怎么“站对队伍”而捷足先登的呢？简而言之，就是他听懂了上司的话外音。

在高温酷暑条件下是否开工的问题上，其实，S公司的经理希德心里已有打算，但他还是开会研讨一番。从企业管理的角度讲，希德这么做有两点用处：一是集众人之智，可以把事情研究得更周全些，防备有所疏漏；二是征求意见，显示自己有广开言路的胸怀。

当A和C的意见对立时，希德经理也不好直接表态，这时，他向B征求意见。B的回答分两点，他首先拿出具体的措施解决施工中的难题，之后明确表示支持马上施工。这样，有了B的公开支持，经理就能在轻松、明朗的氛围中做出决定：立即施工。

可能会有人说：既然经理已经决定了马上施工，直接安排下去不就行了吗？实则不然，在决策一项事情前，尤其是重大事情，领导出于种种考虑，一般都会向下属征求意见。可是，一旦出现意见分歧时，领导虽然心中已有定夺，仍需要第三方加入倒向自己的想法。即让这个第三方来为自己代言，说出自己想说的话。也就是所谓的“领导征求你的意见，不是真的广开言路，而是在寻求同谋”。

在职场中，领导说：“知道了。”代表他没意见吗？领导说：“你去办吧。”你真的能按此执行吗？领导说：“嗯。”他是同意还是不同意呢？对于以上这些问题，如果你脱口而出“是”或者“不是”，那么，你就是个不开窍的下属。作为下属，作为和领导朝夕相处的下属，如果你连这些话外之意都听不懂，你在公司的前途将岌岌可危。

听话听音，锣鼓听声，领导的话有时并不能从表面上理解，要透过现象看本质，方可解其真谛，顺其心意。

领会领导的真实意图

十

身无彩凤双飞翼，心有灵犀一点通。在企业中，下属和领导犹如两人恋爱，体贴入微地关心对方，明白对方的心思，才能赢得“芳心”。

A、B两位年轻人的工作能力都很强，他们都是部门经理，当然也都是H公司公认的后备力量。

A有个“凡事认真”的特点，无论是开会还是与领导聊天闲谈，发现领导话中有知识点或重要看法，都迅速地掏出本子记下来，以备忘或安排工作时用到。

一次，总经理召集中层干部聚会，席间聊天。总经理在谈到公司下一步准备新上一个项目时，其他的部门经理或听或吃或喝或聊，只有A与众不同。只见A拿出笔记本，迅速地把总经理说的要点记录下来。在宴会结束前，A已用极快的速度对要点进行了梳理，并且，形成了纪要。然后，A把这个即时文件拿给总经理看，并请示：“总经理，这是您刚才向大家谈到的想法，也是下一步我们公司新增的一个项目怎么操作的实施方案。我进行了整理，请您过目。”

总经理一看：很好！正是自己刚才席间“灵光一闪”时的思想火花。人到中年，自己说完之后也就忘记了，正发愁回去后怎么安排秘书把自己的想法形成文字记录呢。想到这里，总经理不禁再次认真审视着A整理清楚的规划内容，内心很是愉悦。

宴席结束时，B和其他几个部门经理已酒足饭饱，吆喝着去唱歌，根本就没把总经理刚才谈的新规划当回事。

类似的事情经常发生，往往是A主动做，并做得很到位。久而久之，总经理感觉重大场合只要有A在场，心里就轻松，安排事情或谈判合作都出奇地顺畅。于是，总经理凡有重要的项目或工作谈话就安排A在场协助。这样，H公司的几个项目都是在这种场合中，在A的细心整理下产生并得到实施，且收到出奇好的效果。

在一次公司领导班子扩编时，总经理提议并经与会高层领导全体通过：A担任H公司副总经理，A工作的一个重要内容就是负责总经理的机要事宜。

上述案例中的A从众多部门经理中脱颖而出，成为公司的副总经理。而工作业绩等方面也不错的B和其他经理怎么没被提拔呢？这里面自然有“一番道理”。

H公司的总经理年届中年，记忆力减退是自然规律。加上他事务繁忙，从早到晚要处理大大小小的繁杂事务，就可能会有顾此失彼的情况。这样，一些经营的宝贵想法很可能转瞬间就流失掉了。身为公司总经理，都是久战商场的老将，见多识广，经验丰富，下意识地就会比常人更多注意各种商机，脑海里经常会电光火石般出现各种奇妙的想法。可是，这些想法更多是在闲谈或无意中迸射闪出，像火花一样，出现得快，消失得也快。如此珍贵的东西不能及时记录整理，实在可惜。

从下属的角度讲，如果跟领导的格局相差太远，没能够懂领导，没有接到信息，相当于没能找到“事业上的知音”。H公司的A经理灵活、机敏，他既能听懂总经理的意思，还能系统地把领导的闪光点子筛选出来，进行补充完善，使之系统、全面。这就表明A能够读懂领导，因为读得懂就可以交流，说明“频道”在一个级别上，能够随时产生共鸣、共振。进一步来说，如果下属能领会领导的意图并给出方案，与领导在某些事情上产生共鸣，成为领导的参谋，这就能让双方的关系更密切。

领会和捕捉领导的意图是个艺术活儿，但这得有个过程，没有速成法，不下功夫去研究是得不到收获的。下属绝不可以自作聪明，别聪明反被聪明误，让领导更加讨厌你！想想杨修是怎么死的吧？没有哪个人会愿意自己在别人面前是个透明人。

大家都说在企业中做一番事业像谈一场恋爱，必须得遇上知音、知己才行。你如果能领会领导的真实意图，并能帮助领导完善之、实施之，那你个人的名、利想不要都难。一旦领导有了“懂自己”的人在身边，事业必定会如虎添翼，公司的业绩自然会蒸蒸日上。

智商与情商

十

凭智商获得工作，靠情商获得提拔。
靠智商做事成绩好，靠情商管控水平高。
没有智商做基础，情商如同海市蜃楼，浮华而不中用。职场有“二商”，成功没商量。

W公司是一家科技型的产业集团，俊和伟都是这家公司的员工。

为人活泼、爱热闹的俊特别爱管事。一次，他的直属领导，也就是部门经理要与别的经理争夺区域销售权。俊听说了，就主动联系他在外地的同学，了解该地的市场情况，并把这个曲折拐弯得来的“情报”以最快的速度提供给了经理。因他的经理准备充分，又多得了这个“情报”，在竞争中绝对胜出。

又有一次，有两位同事不知因为什么事闹起矛盾来，互相交恶，一度关系紧张。俊听说后，搞清了怎么回事，就“搅进去”，说说这个，劝劝那个。还别说，经他一掺和，两位同事立马“阴转晴天”，以至于关系比当初更好、更融洽。

俊对上述这样的事很热心，尤其是对同事的事特别上心。可是，他的业绩却很一般，甚至有两次竟排在了最后，还挨了领导的批评。在工作中，别的同事的业绩一直往前冲；独有俊，一提到业绩就蔫了，而一提同事之间的事情就来了精神。一段时间后，个别年轻的员工靠业绩成了后备干部，有两位还升职了。再看看俊，还是老样子。两年后，俊成了老员工，在公司中可有可无。

同为W公司员工的伟却是个能力很强的人，他在专业方面的知识十分丰富。据知情人透露，伟在上家公司时，个人的专业技能得到较好的展现。但是，伟与几个伙伴偷着把研究的成果转移出去，倒卖给了竞争对手，被上家公司发现后，遭到惩处后来到了W公司。

伟在W公司依旧处于核心技术岗位的关键位置上。在一次的合作谈判中，因伟提供的数据没能及时配合同事，施工出现严重问题，造成巨大损失。结果，伟遭到公司追究责任后，再次被开除。

在企业中，关于情商、智商哪个更重要的讨论好像从来没有停止过，有人说智商重要，也有人说情商重要，甚至还有观点认为：如果把一个人的成功算作一百分的话，智商占二十个百分点，情商占八十个百分点，情商比智商重要。我们所倡导的是：智商、情商都很重要，我们都要修炼。智商很高，情商不高，这样的人说不定在哪个环节给公司造成重大损失。如果智商不高，基本的工作业绩都做不出来，整天去钻营人情往来，也只能是竹篮打水一场空，必定会成为企业里“多余的那一个”，最终也可能难逃出局的命运。

想在领导前面

十

凡事应未雨绸缪，主动超前。在职场中，想在领导前面，做了领导该做的事情，领导只好把位置给你留出来。

甘林是某服装品牌的业务经理，该品牌的服装在广东、福建、上海等沿海一带的销量很不错。后来，该品牌又进军浙江市场。按照总公司的规定，新开拓市场的区域都要设置区域经理。

浙江省东北部的片区经理甘林在跑本区域的业务时，得知了本公司在江苏省还没有开拓市场。他在做好本省业务时，利用假期，跑到江苏省，花了两个月的工夫，终于搞清楚江苏省服装市场的详细状况并形成了正式报告。

后来，总公司按照由南到北的开拓市场原则，决定要在江苏省设置市场总代理。公司刚开完会，甘林就找到总经理，把他事先做好的市场分析报告递交了上去。

总经理一看，正是公司这次开会安排要在江苏省开拓市场的分析报告。甘林的报告详细、客观、真实。

公司立即召开有关部门开会研讨，并组织人员实地考察，最后得出结论：“甘林的方案真实、可信，应该实施。”

甘林的方案在时间上为公司争得了先机，并且还为公司节省了不少的调研经费。总经理大喜，当即决定提拔业务经理甘林出任江苏省的区域经理，落实全省市场的开拓工作。

负责上海区域的经理不理解，按惯例应该是他兼任江苏的区域经理的。他找到了总经理，说自己职务相称，应该做兼职的区域经理。

总经理听罢，语重心长地说：“你只看到自己的一面，没从工作大局出发。甘林作为一名普通的业务经理，能心系公司的利益，牺牲自己节假日的宝贵时间去做市场调查。且不说调查的水平高低，单就这种精神也是难能可贵的。何况，他提出的方案还被高管们一致通过。现在，甘林做了领导该做的事情，领导只好把位置给他了。这种人做全省的区域经理是完全够资格的。”

正如总经理所言，三年后，甘林做了公司的副总经理。

上文案例中，某服装品牌公司的业务经理甘林脱颖而出，三年时间就坐到了大型服装公司的副总经理的位置上。这里究竟有什么玄机呢？其实，甘林三年时间能坐到副总经理的位置的秘密就在于想到领导的前面。正因为甘林有着与普通员工不一样的认识，他才做出不一样的举动。毫无疑问，甘林心中一定是公司利益优先。有了这样的心理准备，在关键时候，他就表现出来：在没有任何人安排的情况下，自己花费时间和费用，专程去做市场调研。这种主人翁精神使他想在了领导前面。

在职场中，聪明的人知道把手头的工作做漂亮，精明的人知道“侦察”领导的思路和做好岗位工作一样重要，高明的人干脆模拟领导的思路行事。站在领导的角度看自己的工作，就容易发现自己工作中的很多漏洞。站在生存的角度看竞争对手的工作，就更容易看到自己工作中的优点和缺点。

都说公司的利益高于一切，而在实际的落实工作中则面目全非、参差不一，这就是认识不一样造成的。尤其是很多初入职的年轻人，只要是“我上班、你发薪”，实现“等价”交换，上下班准时踩点，哪会花工夫去考虑公司的什么利益、什么得失和怎么拓展市场。如果有了这样的错误认识，等于是把自己分离在公司之外了。你会认为公司的利益、命运与自己是天各一方、毫不相干的。这样的人，怎么会牺牲自己有限的节假日时间去无偿地为公司做事呢？

在上文案例中，按惯例，邻近的上海区域经理是可以兼职新开拓市场——江苏省的区域经理的。但这要看具体情况，甘林已经以最快的速度做好了这项工作，不仅为公司省去了费用，更主要是赢得了时机。要知道，商场如战场，时机转瞬即逝。如果竞争对手有开拓江苏省市场的想法，他们早部署了怎么办？一旦对方下了先手,自己公司必然会永久失去这个市场，自然是公司损失极大，甚至难以估量。正因为如此，总经理才会很欣赏甘林这样能干的下属，才会重用他这样心系公司的优秀员工。

职场上，想在领导之前，为下一步工作提前准备，把领导该做的事做了，领导也就只好把位置留给你了。

职场三境界

十

目光长远的人和鼠目寸光的人处世的方法有着天壤之别。眼界不同，方法更多，业绩才能飙升。苍鹰与青蛙眼里的世界怎么可能是一样的呢？

S公司举办了新闻发布会，对外宣称已拿下一个老年保健品的全国总代理权，正式进军该领域。

从S公司已掌握的信息来看，目前老年保健品行业虽然利润可观，但已是红海泛滥。因而，公司高层对新品牌、新市场考虑充分，慎重对待，组建了首支强劲的销售队伍，其中A、B、C三位销售精英就是这里面的重要成员。

A是中年男性，五年前在开拓其他市场时表现良好，所以，这次再次受命。其作风扎实，工作日时间工作，其余时间或休息或娱乐，工作、生活两不误。半年之后，A开拓成功的省份有一个。

职场“白骨精”B是个优秀的女性。自接到任务起，

B就没有时间过问家庭和子女，没有节假日。为了使本公司代理的产品品牌尽快被消费者认可和接受，她通过各种活动接触到有潜在需求的家庭及他（她）们的子女。她每天大约有十三个小时都在工作。为此，亲人都不理解，她的老公甚至有很大意见。功夫不负有心人，六个月之后，B开拓成功的省份有三个。

小伙子C有一外号叫“拼命三郎”。在明确了开发新品牌的任务后，他首先制定出一个业绩目标，再将之分化到每个月份。接着，C通过线下活动和互联网构建了一个立体的咨询销售网络体系。有了这些，C就能很容易地把新产品在各家庭社区里推广。同时，他又想方设法联系到各旅游公司和食品公司，通过与他们联手合作，把产品叠加，大大推进了本公司代理保健品的销售力度。C就这样发狂似的超常工作，每天的工作时间都在十五个小时以上。在S公司新销售团队组建后的第七个月份，C取得了成功开拓五个省份市场的绝佳成绩。这时，小伙子累倒了。

不久，公司总结表彰会上，如A一样的业务员的职位原封不动，B晋升经理职位，而C则因特别贡献直接荣升副总经理。

第二年，公司再扩新军，以C为首的销售队伍迅速占领全国其他的市场，公司总业绩一路飙升，直至做到同类产品的榜首。

在这个世界上，人们不光做的事情千差万别，而且，在做事的境界上也各不相同，其结果也大不一样。归纳起来，有三种不同层次的做事境界。

“尽力而为”是第一层，用手做事，就是凭感觉、直觉、感情和情绪做事，目标感不强、计划不周。做事在这一层次的人，要做的事情来自于领导或他人的交办和布置，把工作或者要做的事情当成一个既定目标，往往没有计划和预案，兵来将挡、水来土掩，以得到结果为目的，工作努力，且辛苦。这样的人追求的是把事做完，终其一生往往都是被动的：守时者会按照程序操作，甚至简单模仿他人把要做的事情做完；拖拉者要通过不停地催促、督办才能办完事儿。这些人虽然在短期内也可能会取得一些成绩，但由于缺乏周密的思考，一旦迷失方向，就像断了线的风筝，风吹到哪算哪，最终将会费力不讨好，难成大器。

“全力以赴”是第二层，用脑做事，深谋远虑，大处着眼，小处着手，步步为营，缜密周到。全力以赴做事的人在接受任务后，常常先动脑筋思考怎样才能快速地把事情做好，以达到为之努力的目标。要把事情做好就得讲究方式、方法，考虑做事的方法与步骤。即先做什么、后做什么，哪些步骤可以简化，哪些环节可以合并，避免不必要的重复，少走弯路，减少无效劳动。他们追求的不仅是在规定的时间里把事做完，更重要的是把事情做对、做好。在这个层次做事的人，走捷径的有之，甚至有人不惜投机取巧。

“全命以赴”是第三层，用心做事，无论何时何地都坚持自己的理想和信念，毫不动摇，绝不屈服，知其不可为而为之。做事在这一层次的人，把职业当成自己的毕生事业对待并追求，知道什么时候该做什么事情，做事的计划和目标明确。他们做事前运筹帷幄，决策缜密；做事时精益求精，坚定执着，锲而不舍，既善于巧干，又埋头苦干，不走歪门邪道。他们除了用眼睛观察、用耳朵倾听外，还要用手、用脑、用心，尽心尽力把事情做完美，成为同行的标杆。

“尽力而为”，能做的就做，可以把事做完，但成绩一般。“全力以赴”，不能做的也做，成绩骄人，可以把事做成。“全命以赴”，不能做的还能做好、做精，定成大器。

找对的人，说对的事

十

别以为偶有不快，向同级同事诉说，会得到同情和怜悯。事实上，这些话也许没隔夜就传到了领导的耳朵里。想进步，得找对人，说对事。

樟在刚入职C公司时，经常见到一位年长的普通员工，他虽然年龄大些，却干着和年轻人一样的工作。渐渐地，彼此熟悉了之后，年长员工经常对樟牢骚一句话："为什么公司领导不提拔我，为什么后来进入公司的人都跑到我前面去了？"

五年时间一晃过去了，在老员工"为什么、为什么"的问句里，樟也成了一个老员工。

性格本来就有点内向的樟好像受到传染一样，对自己不被提拔也心存芥蒂，经常对那些向自己讨教的年轻员工发牢骚："公司领导不提拔我，后面来的也都跑到我前面去了，真不明白是为什么？"

樟这样的话说多了，也就不再新鲜。于是，有些年轻人当场挪揄樟：“兄弟啊，你干这么多年，公司都不提拔你，要是我的话，早就不干了。”

按说，樟这样的牢骚话大家说说听听也就罢了，哪曾想，有员工就把这话“复制”给了领导，以至于领导还找樟谈了一次话。

内心本来就苦闷的樟受到这样的“礼遇”，不再平衡。在一次见到昔日的同窗时，和盘托出了目前的窘境和痛苦。

“你搞错了，老同学，你怎么有事情不去直接找领导谈，跟那些年轻员工扯什么淡呀？”

一句话说醒梦中人。樟在工作中更加努力，凭借自己多年对业务熟悉的优势，迅速地打开局面，在工作中取得了不错的成绩，让领导和其他员工大吃一惊。

樟再一次心情抑郁又想发牢骚时，没再找年轻员工，而是专门预约了主管领导。樟不仅认真地向领导谈了自己的苦恼与想法，还递交了书面的报告。

统观情况，为激励后者，直管领导报请公司高层批准，樟很快做了业务组长，带领一帮年轻人干得热火朝天。

“物以类聚，人以群分”，这句话的意思也可以理解为：一个人和与自己相像的人在一起会感到舒服、自在。生活中，我们喜欢与自己相像的人，这是一个事实。与熟悉的人在一起，我们会感到自在。在职场中，员工之间也是如此，大家更愿意与平级的人交往，彼此有共同语言、归属感与认同感；而对领导都很敬畏，不愿意亲近。普通员工不愿与领导交往，无非是这么几种情况，或是在心理上认为自己不是领导那个圈的人，或是在领导那里找不到感觉，抑或是领导这个身份给自己带来了恐惧。亲平级，远领导，此职场普遍现象也。

职场上，与平级同事在一起时，彼此说领导的坏话，评论公司的管理制度……有很多话题可以互相倾诉。为了消遣，为了互诉衷肠，为了发泄，或者是为了求解决办法，最后该说的说了，不该说的也说了。这一种做法其实是不对的。有了问题，不好好从自己身上找原因、反思自己，反而整天在自己所谓的圈子里传播负能量，这是小格局以及利己主义，这种人在职场上很难成功。你要知道，从某种意义上讲，平级同事之间存在竞争关系，比如，你不去与领导讨论自己晋升的问题，而去与你有竞争关系的人讨论，大错特错。即使你们是好朋友，你们之间不存在竞争关系，你与他（她）讨论，他（她）也帮不到你，给不了你晋升的机会。世上没有不透风的墙，你的这些抱怨最终可能会传到领导的耳朵里，甚至会被添油加醋地渲染一番。于是，你在公司的前途就没有了。在这一过程中，你自己可能一辈子也弄不明白，也许到了下一家公司还会碰到类似问题。

人在职场，肯定会碰到很多困难，这时，不要与同一级别或不相关的人去讨论，不要以为他们会给你出主意，或者会同情你。因为他们的视野与你一样，给不了你实际的帮助，即使他们表面上认同你、支持你，暗地里还不知道会怎么做呢。其实，能够帮你解决这些问题的人是相关领导，在工作技术层面、薪资、岗位方面，只有相关领导才能解决。所以，有困难时要找能帮你解决问题的人，这样才是明智之举。而那些与你平级的人解决不了问题，还保守不了秘密。

经验告诉我们：在职场碰到问题，一定要找对的人说对的事。

工作日午餐时聊些什么合适

十

职场中人，工作日的午餐大多在公司吃或在公司附近的餐厅吃。但是，饭可以多吃，话不能乱说。原则、技巧无须多，好自为之可避嫌。

A、B、C是H公司的“三枝花”，属于关系不错的姐妹。一天中午，三个人一起去餐厅吃饭。吃饭时，A说上周末“富二代”男朋友陪她逛街时为她买了一件时尚的连衣裙，就是她现在穿的这件。说着，A站起来转一圈，问另外两个人好看不、猜猜多少钱。B和C连说“真好看”，但都摇头表示不知道价钱。A一脸骄傲地说：“差不多有我两个月的工资了。”顿时，另外两个人哑口无言。之后，一个撇嘴怪异一笑，一个不屑一顾。接着，三人边吃边聊，B谈及她公婆上周给买的新房，位置在哪里、几房几厅、付款多少等，还绘声绘色地详细描述，引得另外两个人十分羡慕。这时，

A心中已经不愉快了，嘟囔："有本事自己买啊！"听了A的话，B白了A一眼，忍住了到嘴边的话。

A、B、C吃完饭回来的路上，C突然说前日看见公司的总经理和他的助理M从大商场出来，M手里还拎着好几个购物袋，看来买了不少好东西。之后，又见M钻进总经理的汽车里面，一溜烟跑了。说完，C还补充："我还听见M娇气地说——'谢谢总经理，您真好！'"这段话让A和B愣愣地看了C半天。

两天后，公司新闻频出。先是说A在外傍大款，新衣服就是明证。接着，传出B的公婆发了横财，给家里的孩子都买了好几套房产。更厉害的谣言是"M要辞职养胎了，已怀孕三个月"。

新闻传出的这几天，C发现公司很多人都不敢与她说话了，对她避而远之。人事行政经理也找C谈话了解情况。她承认，有些事是她添油加醋编造的。

一个月后，A、B、C和M四人相继辞职走人。一下子空出四个岗位，H公司的正常业务受到了严重影响。

在上面的案例中，A、B、C三名员工因聊天聊出了"公司谣言"事件，三人在公司待不下去了。而无辜的M也不堪污言，只好离职走人。A、B、C、M四个人的离职给H公司带来麻烦，使其正常业务受到了影响。

职场上的年轻人总是喜欢三五成群地聚在一起天南地北地

聊天。但是，大家在滔滔不绝的时候，却没有想过聊天的内容是否适合职场。那么，工作日的中午吃饭所聊的内容应该注意什么才会有满满的正能量呢？关于工作日午餐餐桌谈什么和不谈什么这个问题，要视情况而定。如果希望吃一顿有信息量的职场午餐，无疑聊些职场内容为好；但如果希望秉承安全第一的原则，那么，将话题局限于生活中的吃喝玩乐、兴趣爱好是最好的。所谓说者无心，听者有意。对于职场中的话题，纯粹地探讨工作也不是不可以，但涉及是非、看法的，则闭口不谈为妙。如果别人要谈，那么，抱着不可不信也不可全信的态度，听过就算了，但绝不要插嘴，事后也不要传播。

虽说作为职场人士，应该始终把职业素养放在第一位，但这并不表示认真工作就与聊天相冲突。一项调查也显示：公司食堂或餐厅绝对是新闻传播率最高的地方。不仅如此，一般而言，我们在非正式的场合里更容易了解公司里不容易了解到、不方便说出的信息。那么，我们在生活和工作中，学会寻找话题，学会说话就很重要。但无论聊什么，千万牢记职场聊天的“五大忌”：家庭财产、薪资问题、私人生活、点评同事或领导、埋怨公司等，这些方面是雷区，亲身涉险，“非死即伤”。

人干什么都要有规则，同理，工作日午餐餐桌上聊天也有禁忌，哪些话题能说，哪些话题不能说……说话前一定要想清楚，不经过大脑的发言很可能让你后悔莫及。

发送信息前要再三确认

十

忙中易出错，错让敌手赢。发错信息若累及别人，盟友痛苦万分，而对手恐怕要高兴得发疯。仓促出招，不是自找倒霉又是什么？

K、G 两家公司都是做金融服务的，G 公司起步晚，业务处于早先发展起来的 K 公司之下。由于占据市场份额大，K 公司金融服务项目的研发工作也一直处于同行业领先地位。俊三是 K 公司的研发部门经理，工作繁忙。

一次，K 公司研发的新技术服务项目即将告成时，俊三接到重要通知：明天上午参加在北京举行的行业会议，会期一周，机票已经订好，是明早五点整。于是，俊三决定连夜做出整套技术研发的 PPT 文件。

经过十二个小时的熬夜加班，天亮前，眼睛红肿的俊三终于按下了最后的 Enter 键，大功告成。俊三将新成果的PPT稿件通过微信发给了K公司总经理，之后驱车赶航班去了。

俊三的老朋友斯瑞大清早收到一条微信，打开一看，原来是朋友俊三发来的一个技术研发项目的PPT，他被吵醒了，怎么也睡不着。无聊、空虚，他又拿起手机翻看俊三发来的文件。文件前言说明是发给K公司总经理的，文件内容很多，斯瑞虽看不懂，但知道是个重要文件。斯瑞心想：这俊三也真是太大意了。

看着看着，斯瑞忽然想起最近新交的朋友——做金融服务的G公司的总经理来。因为G公司的业务一直屈居K公司之下，G公司的总经理心中愤愤不平，说主要是没有好的技术研发团队，不然早就超过对手了。常年下岗在家的斯瑞想到这里，不禁眼前一亮：这个错发的文件对G公司来说应该是一个无价之宝。如果把这个东西交给了G公司，对方肯定不会亏待自己。但是，斯瑞又想到俊三是自己的老朋友，迟疑不决。思想剧烈斗争的斯瑞又想到了人过中年还在租房、事业无成的自己，他的眼也红了。最终，斯瑞拨通了G公司总经理的电话。

半小时后，斯瑞和G公司的总经理见面，略谈大概。之后，G公司总经理验证了文件是真的，立即安排财务人员满足了斯瑞的要求，带走了那份PPT文件。接下来，G公司以迅雷不及掩耳之势，在市场中强力推出新业务，并很快占据主导地位，市场优势已远远超过了K公司。

正在开会的俊三接到总经理的电话，问他怎么还没把文件发来？又问俊三，对手G公司已经开展的业务的模式怎么与我们准备很长时间的方案一样？俊三一愣：不是前天早上出发前已发给总经理了吗？怎么G公司有这样的业务？他打开微信，一看，傻了眼：原来是自己在匆忙之中，错把文件发给了一个叫斯瑞的朋友。

俊三无心开会了，他立即打电话给斯瑞，但对方的手机处于停机状态。

当俊三赶回K公司时，所有的董事会成员都肃穆地端坐在会议室等着他。这时，财务人员送来的报表显示：K公司亏损近一亿元。董事会成员一致要求立即罢免总经理的职务，追查俊三技术泄密的经济责任并着手走司法程序处理G公司偷窃技术的事件。

在上文的案例中，作为同行业中的领导者的K公司依靠不断创新研发的业务独占鳌头，把G公司等企业远远地抛在后边。因新研发的服务项目被俊三经理无意中泄密，结果竞争对手G公司迅速反败为胜，K公司受到重大创伤。无论是G公司的获胜，还是K公司的受创，皆因俊三把机密文件发错了。

商战惨烈，不是你死，就是我亡，这就要求业务承办人尤其是领导更要慎之又慎，正所谓“生死之地，存亡之道，不可不察也”。在企业里，有些领导同时又是业务承办人，这就更不可忙中出错。要知道，你的一举一动维系着后面很多人的切身利益、很多人的生活安定。

看似轻松的手指一点，有些信息的发送却事关企业的“生死”。在发送商业机密信息前一定要再三确认，保证万无一失。遇事可慢、可延，但不可不明。冷静、细心，谨记!

第五章

心向远方

职场不只是眼前的苟且，还应有远方的高山、蔚蓝的天空。

不畏浮云遮望眼，
只缘身在最高层。
向着远方，向着未来，
击水三千，
笑傲江湖。

职能与业务

十

一手端碗，一手拿筷，饭才吃得顺当。飞机要起飞，没有两翼平衡，连跑道都出不去，又怎能搏击长空？

S公司正处于成长期，各项工作有序进行。开放型的大办公区，职能与业务两大部门相隔对望，更增添了高效、和谐的公司文化气息。

业务部门多是年轻人，整天嘻嘻哈哈，充满了生气，这也缓解了销售任务的压力，对调解销售人员的心态有着不少的好处。但是，业务部门过于活跃的喧嚣气氛也会让对面的职能部门中的员工感到头痛。尤其是在业务部门拿下一个大订单时，他们欢呼雀跃，奔走相告，会让整个办公区半天消停不下来。这时，那些搞文字作业的员工就会被打断思维，若是刚冥思苦想出一个文稿思路，一闪即被冲跑，岂不恼火？

不愉快归不愉快，但大家都是为了工作，也就算了。可经常出现这种现象，职能部门中的员工们就吃不消了。例如，职能部门的一位大姐就找到业务部的领导反映了，说再不约束一下部下，责任自负。

业务部门与职能部门中的两类人员虽然也会发生小矛盾，更多的则是互通有无。比如，业务部门发生的很多案例真实、生动，是宝贵的第一手材料，很接地气。那么，职能部门的创作班底如果需要，马上就能获取到信息。

相处时间长了，部门间的人员也会有自动调整的情况发生。例如，业务部的K为人诚实，工作认真，业绩也不错，但他本人更喜欢文职工作。经领导考察并同意后，K被调配到了职能部门。如愿以偿的K在工作上更加努力了。还别说，K处理文稿的水平还不错，很符合领导的意图，他也因此常受到夸奖。

有时，业务部门的年轻人遇到困难，职能部门的一些老员工也倾尽所能地帮忙。M初入职场，对什么都陌生，在会议上不敢发言，甚至见到客户还害羞。职能部门的大姐们就对其循循善诱，帮她克服困难。当月底拿到奖金时，M还请大家吃了顿饭。

…………

一般而言，一个企业的所有部门一般可分为两大类：职能部门（如企业的人力资源部、财务部、总经理办公室等）——

文，业务部门（如研发部、生产部、销售部等）——武。一个企业只有文武双全才能安身立命。职能岗位一般做一些办公室里的书写类、保障类等工作；业务岗位一般直接同业绩指标挂钩，如销售人员、生产人员等的岗位为业务岗位。在企业中，职能部门既要为业务部门服务，同时又对业务部门有着建议、指导、协调的权利和义务；而业务部门的创收则直接决定了公司的经济命脉。

从理论上来说，职能部门和业务部门并不冲突，可在企业中，由于这两类部门对对方所做事情了解不多，常出现互相瞧不起对方的现象：业务部门说职能部门无用，认为是自己养活对方的；职能部门的人认为业务部门难登大雅之堂。结果是，这两类部门的人总是摩擦不断。事实上，这样的摩擦有其存在的必然性，只是不可盲目发展。其实，要想缓解摩擦也不难，本着从企业大局出发，兼顾双方的利益，问题便可迎刃而解。职能部门对业务部门要多一分理解，业务团队很多时候就是个小集体，少则十余人，多则数十人、数百人，加上业务工作本身就有一定的灵活性，人治不仅可以应对，甚至很多时候要比教条式的制度更有优越性，也就不认可职能部门指导工作的必要性。如果两类部门对企业的某些制度有分歧，职能部门要尽量把公司的管理制度解释清楚；同时，更为重要的是，在起草或修订公司的管理制度时，一定要让涉及的业务部门参与，并充分地、认真地听取他们的意见，否则，企业的管理制度就是闭门造车。例如，企业制订生产车间安全管理制度却不让工人建言献策，几个人坐在办公室里一拍脑袋就制订一个制度，这样的制度最后能落实吗？

业务部门也需建立经营者思维,站在高层的角度考虑问题。业务部门要自律，要有危机感，要有相互协作的精神。地球离了谁都转，一个再好的演员也是需要一个强大的舞台支持，所谓协作并不只是一句空话，而是像一家人一样合力解决问题，推动企业的发展。

职能部门也需要不断提升沟通能力和服务意识，要让业务部门感受到其存在的价值。例如，业务部门的工作时间不可能是朝九晚五的，有时候一个电话来了，职能部门不能以是休息时间为借口推脱协助，应该及时给予帮助和解决。

在企业中，业务部门与职能部门如同一架飞机的左右翼，缺一不可。各个方面的平衡也很重要，如果一翼太重、一翼很轻的话，飞机会失去平衡，企业也会走下坡路。在企业中，职能部门、业务部门之间需要不断沟通和协调，互相支持，才能保持永久的平衡，企业才能走得更远！

勿轻易跳槽

做学问，应当永无止境；找老婆，还是会过日子为好。学问做得高，日子过得甜，这背后都是有原因的。在职场中切不可乱跳槽，否则，就会像秋后的蚂蚱，那是蹦跳不了几下的。

A、B同在一家广告公司工作，A要跳槽了，笑着对前来送他的B说：“这下广告部副主任的位置非你莫属了。”其实，大家都知道，B在这家公司的广告部工作了四年，论资历是广告部员工中最老的一个，论能力——他设计的广告在行业内也得过好几次奖。B很有发展前景。这时，半路上却杀出个程咬金——总经理的侄子C本来就是一名普通员工，通过走后门，当上了广告部副主任。

宣布C上任的时候，实在难以控制感情的B躲在洗手间里哭了一场。主任看出了端倪，语重心长地跟B谈心。主任肯定了B的能力和成绩，也无奈地承认这次是暗箱操作，对B确实也不公平，不过，他会向上级领导再争取一个副主任名额的。

B在回到办公室的路上又撞见了骄横、傲慢的C。实在忍无可忍的B通过QQ询问A，他入职的那家公司是否还缺少人手？很快，B得到了A的答复：现在正是招兵买马的阶段，求之不得。接着，A就把具体的薪水、福利都跟B说了，还说可能的话，B能在这里谋个一官半职。

一周后，A又对B说，他们公司总经理已经看过B的简历了，觉得不错，并对B以前设计的广告十分欣赏。

B一下子觉得很轻松，与C交谈时，B不再掩饰厌恶的情绪，甚至充满了火药味。

B并没有刻意隐瞒自己要走的消息，他认为在临走之际，就要示威一下。这样，没多久，办公室里几乎所有的同事都知道B要走了，几个和他素来交好的同事还过来打听他们有没有跟着过去的可能。就在这时，风向逆转。A突然告诉B：他们新公司广告部副主任的职位，人事部门只有推荐权，决定权在总经理。但从美国回来一个“海归”，总经理让他担任了这个职务。如果B来的话，只好做个文案设计员。没有后路的B只好答应了。关于薪资，确定下来后比当初说的要少不少，还有三个月的试用期，试用期内工资减半。B欲哭无泪，只好认了。

半个月后，B正式辞职了。在送别B时，主任无比惋惜地对B说：“争取的广告部副主任的名额已经批下来了，可惜，你这人才却要走了，只好让那个不及你的新员工做了。”B再次欲哭无泪。

B开始在新的广告公司工作了，薪水比以前少，任务却比以前多，但是，他又能说什么呢？

职场中经常有这种现象：有人把领导“炒”了，把公司“炒”了，还觉得很牛，在朋友面前显摆。跳槽，本无可厚非，良禽择木而栖，人总要有自己的职业规划。但是我们提倡理性跳槽，也就是当你的能量很大，而在公司又没有晋升、加薪的希望，你跳槽到别的公司担任同级或高一级职位，这就很正常。另外，跳槽后薪资增加很多，这也是理想的跳槽、成功的跳槽。

经常跳槽明显不妥，俗话说：跳槽荒半年，跨行穷三载。特别是跨行业跳槽，以前的积累全是空白，一切都得从零开始，这是一件很困难、很痛苦的事。由于跳的不是本行，那么，对环境不熟悉，对领导与下属也不熟悉，你就必须经历一段时间的磨合期。一般来说，在一个企业要待半年才能了解这个企业，待一年才能熟悉业务，一年以后才可能被委以重任。所以，对个人的自我成长来说，经常跳槽是不利的。而那种一时为了薪资和岗位跳槽的人，更是把自己的后路断了，是不可取的行为。

如果不频繁跳槽，“做一行，爱一行”，又会怎么样呢？

很多优秀员工在做到企业高层之前，大多是认认真真做事，与公司一同进步，在成就公司的同时也成就了自己。与公司共成长，你在同一家公司的经历越多，你的职业成就感也就越强。另外，需要引起注意的是：很多企业在招聘高管人员时，大多不会考虑那些经常跳槽的员工。一般来讲，没有在原单位工作三年以上的工作经历，一般不会聘用（特殊情况除外）。

不要以为跳槽是摆脱职场困境的唯一出路。盲目跳槽，只会让你搭进去更多的时间和精力，最后是浪费了青春，换来了后悔。

精神比学历更重要

十

铁块镀了金，也是铁的。是真金子，即使表面生了锈，早晚也会发光。学到多少，有没有本事，一纸证书不能说明什么。

大勤和小勤是双胞胎兄弟。高考时，大勤被一所大学录取，为照顾有病的父亲和减轻家庭负担，他却把上大学的机会让给了同样考上大学的弟弟。

高考后，大勤来到父亲所在的碎石厂，替换了衰老有病的父亲，做了一个碎石机喂料工。在操作机器一个月后，大勤发现机器设计有问题，致使很多人因工伤残。通过研究试验，他把机器的两个地方做了改进，结果不仅确保了安全，还把生产效率提高了两倍。

工厂厂长看大勤有过人之处，是个人才，就把他调到烧成车间。烧成车间常年空气脏，悬浮物有毒，致使很多老工人都得了肺病。大勤看到这种情况，立即与老师傅们一起着手研究技术改进方法，通过净化处理，大大改善了工作环境，确保了员工的健康与安全。

因碎石厂不断扩大，需要在水泥生产研发方面寻求新突破，厂长首先考虑到有钻研劲头的大勤，又将他调到技术研发车间。很快，大勤带领厂里的老技术员们攻克了难关，再次改进了生产工艺，使企业的利润翻了三番。

大勤卓有成效的工作使他所在的工厂的绩效居于同行业的前列，更重要的是：大勤还培养出一大批优秀人才，为企业的长足发展提供了强大的后备力量。

最终，德才兼备的大勤创办了自己的企业，他的企业也终于成为该市建材行业的龙头企业。

几年时间转眼过去了，当年上大学的弟弟小勤在上学期间拿着家里给的钱吃喝玩乐。大学如期毕业后，由于学业不精，小勤在大城市不能立足，只好回到家乡。得知本市建材市场上最大的公司在招聘，小勤费了很大的劲通过了初试。面试时，总经理却不愿露面，只派了秘书过来。

小勤要求当面见到该公司的总经理。当总经理出现时，小勤做梦也没想到——原来总经理正是自己的哥哥大勤。

大勤同意小勤进自己的企业，但要求是“从最脏最累的烧成车间做起”。

感觉屈才的小勤没在哥哥的企业做事，他又找了一份工作。三个月后，小勤就辞职了，原因是吃不了苦。

就这样，小勤拿着文凭，不断地应聘和辞职，一直也没找到他理想的安逸工作。

在上文的案例中，十年寒窗，大勤放弃了自己上大学的机会，把这个机会让给了同样考上大学的弟弟，自己则替换父亲去做了碎石机喂料工。几年的时间里，大勤改进了几个项目，把碎石厂做大了，从普通工人不断成长，最终自己也创办了企业。而弟弟小勤从大学混到毕业后，浅薄浮躁，处处碰壁，一无是处。

是什么东西让大勤这个普通的工人最终成了优秀的企业家呢？是他钻研的劲头和吃苦耐劳的精神。他先是改进碎石机的设备与操作。接着，优化烧成车间的环境与工艺。最后，改进了生产工艺，推动了他所在的工厂快速发展。这三桩大事，充分表现了他过人的钻研精神，也使他最终创办了自己的企业。

相反，小勤自认为有学历，梦想着应该有一份安稳、舒适的工作在等着他。他在大城市无法立足，便被迫回到自己家乡找工作。碰巧应聘到哥哥的公司，但不愿干哥哥分配给他的工作。小勤拿着文凭，不断地去找他要的理想工作，换了几家公司工作，他理想的工作还是虚无缥缈。学历不代表能力，妄想只靠一纸文凭获得安稳、舒适的工作，小勤的经历为我们敲响了警钟。

现实中，我们不要总幻想可以轻易地实现自己的梦想，因为很多时候梦想是遥不可及的，只有顽强拼搏、不畏艰辛，才能实现所愿。大勤和小勤的经历形成了鲜明对比，恰好证明了精神比学历更重要，成就事业必须得有过人的钻研精神。

不要沉溺于技术当中

十

技术能当饭吃，此言不差。但有一桌美味酒席，岂不更好？只盯着碗里的稀饭，而拒绝大餐佳肴，也不算是明智之举吧？入乎其中，出乎其外，明明白白闯荡职场，才是正道。

同是计算机专业毕业的羽和浩是同学，出了校门后分别被A、B两家公司聘去做了技术员。

毕业后前三年里，羽踏实地搞了很多研发工作，不止一次地受到A公司的表彰。在做好本职工作的同时，羽还用业余时间学习了一些管理方面的东西，并处处虚心地向领导学习。毕业后第四年年末，他已经是A公司某个部门的小领导了。

一起踏入职场的同学浩，在工作中也认真、踏实，其业务水平相当高，还曾得过几次大奖，成为B公司的骄傲。但浩除了技术，对别的事充耳不闻。这几年，浩在技术上是有一些进步和成就，但对其他的事就不太懂了。

一次同学聚会聊天，浩才得知同学羽最近又升职做了技术设计总监。细问之下，才知道现在的羽不仅懂技术，还会管理，并把技术部带得很好，业绩令总经理满意，因而得以二次升职。

“无所谓，我还是我，我只要技术不差，自然就有自己的天空。”浩是这样想的，也是这样做的。的确，他的技术水平确实很高。

转眼又过去两年，浩所在的B公司经营不善，被迫转型裁员时，浩也在其中。由于浩把全身心都投注在技术研发中，对其他的事不太懂，生活一时陷入了困境。

又是在一次聊天中，浩得知老同学羽因业绩突出，管理能力强，已三次升职，最终做了A公司的副总裁。几次应聘均不理想的浩被迫向羽求援。这样，在羽的帮助下，浩来到了A公司，在他手下做了一个技术员。

自古以来，中国人就十分注重对技术的学习。技术通常是指某一领域的经验、专业知识和技巧。例如，你掌握了平面设计这项技能，说明你对这个“术”，也就是平面设计的技术是掌握了。但是，很多人能熟练使用某个平面设计程序，所做出的作品却很平庸，不会让人眼前一亮。有的人甚至还自以为对这些技术很娴熟，拿这个说事，说自己掌握了这个工具，说自己对工具运用得心应手，哪一模块怎么用，遇到问题怎么办，他闭着眼睛都能解决，对每个工具的使用方法都能倒背如流。哪怕他不在电脑旁边，都能远程帮你解决问题，这样的人沉醉其中，一门心思扑在技术上。相反，也有一些人对技术不是非常精通，但很有想法，这种现象在职场中很常见。例如，一个平面设计者设计的作品一开始非常普通，但经过领导的口头点评，再次修改后的作品就比较完美了。其实，领导根本不会使用那些平面设计工具。不仅是平面设计，还有制作表格等。有些人自认为对某些专业软件掌握得很娴熟，对自己的技术沾沾自喜，有时领导修改他的东西，他还觉得不爽，说领导不懂。殊不知，这类人犯了自我陶醉的通病，做技术的人沉溺于自己的技术，不跳出来，那么，永远也就是个技术员。

做技术的人切忌一味地沉醉在技术里，在不断提升技术能力的同时，还要开拓自己的视野、知识面。没有宽阔的知识面做基础的技术，那么，你的发展空间也是十分有限的。只有跳出技术，才能拥有更广阔的天地！

你的成长是企业给交了一大笔“学费”

十

吃一堑长一智，过一关斩一将。一个人不断成长的一生，就是不断攻关的过程。当胜利向你招手、鲜花为你盛开之际，是否会想起默默为你付出的人呢？

在IT行业中，参木的快速成长、成功的“三级跳故事”传为佳话，风靡业内。

在接受媒体采访时，参木的总结让在场的人无不为之动情。他说：“我首先感谢第一次工作的东家——A公司。在那里，一开始，我什么都不懂。在整整三年的时间里，我紧跟着上司和那些老员工，不断学习，不断提升。这个时期，我挖到了职场中的‘第一桶金’，为后期的事业奠定了坚实的基础。

“接下来，我要感谢第二个东家B企业。这里是我创造更大价值的地方。因为在第一家公司积攒了‘隐形成长的能力’，使我在这家合伙公司从最小的职位快速成长起来，这是综合能力的变现。如果说第一家公司A是我事业的发祥地的话，那么，B企业就是我事业发展的重地。

“正是因为有了前面两家公司的培育和历练，才有了我第二次跳跃，才有了我今天独自创业的C公司，它也是我事业的新高峰。在这里，我和我的同伴正在实现价值的最大化。如果今天的事业有三成的话，那么，我前期的两家企业A、B各占一成，现在的C公司占一成。”

最后，参木强调：“说到底，我今天事业小有成就，体会最深的一句话就是——无论你现在成就多大，都要感谢你的前一个东家。而这样的东家，我有两个，我对他们心怀感恩之情。”

在上文的案例中，年轻有为的参木迅速成为IT界的一颗新星，其成长经历值得我们深思和借鉴。

按照参木的说法，他是经历了起步、成长、成熟三阶段。在起步阶段，他和别人并无二样。但是，他利用这个阶段的三年时间努力成长，不懈奋斗，具备了别人没有的“隐形成长能力”，而这一部分就是A公司所给予的。恰是“隐形成长能力”才使参木在进入B企业时增值了，薪资翻番了。这个翻番的薪资部分就是“职场剩余价值”，它是前一家公司A赋予的，不过，是在B企业表现出来罢了。

同理，再看参木的第二次“跳跃”。现在的参木收入颇丰，但一定是第三家企业C带来的吗？表面上看来是的。但是，如果没有前两次的积累叠加，参木与普通员工并无二致，那他怎么可能会有傲人的能力呢？所以说，他是完成了两次的量变，最终才实现了质变的结果。正如他本人所说：“如果今天的事业有三成的话，那么，我前期的两家企业A、B各占一成，现在的C公司占一成。”

很多人经常会说“你发工资我做事”，听起来好像很公平，谁也不欠谁的。其实，你能拿到这份薪资，企业还为你付出了一大笔的“学费”，不是送你去外面培训等看得见的学费，而是把你从一个什么都不懂的人变成今天优秀员工的“学费”。你的有些技能是从无数的失败、无数的不合格产品中历练出来，而这些产品是由企业给你买单了，才使你有了今天的成就。

有位成功人士曾说：成功的第一步就是先存有一颗感恩之心，时时对自己的现状心存感激；同时，也要对别人为你所做的一切怀有敬意和感恩之情。有一位由普通职员晋升为总经理的人这样说：“我刚到这家公司时，只是一名没有任何经验的普通职员，为什么在短短几年内晋升为总经理？这是因为我时常怀着一颗感恩的心去工作，我感谢董事长给予我的机会，我感谢同事对我的点滴关怀与帮助。‘滴水之恩，当涌泉相报’。

正是这种感恩心让我更加努力工作，我要尽最大的努力来回报公司。没想到，生活却给予了我更大的回报。”

现实有时很搞笑，本来无数的前期失败才奠定了你今天的事业有成，而很多员工却不感谢前面的东家。相反，他们跳槽后不念旧情，还迅速扩散负面的消息，甚至还会出卖原公司。试问，你否定那些公司是否等于否定你自己的那段过去岁月，是不是在抹黑你自己呢？

无论你现在的成就多高，都要感谢你前一个工作的东家，因为是他们把你成长的一大笔“学费”给交了。

你是否在享受企业的带薪培训

十

带职学习犹如电池充电，电量爆满说明能量无限，将要大有作为。你受训，我出钱，是否应该好好干？

南方某市的某个鞋业公司是一家劳动密集型的企业。在企业产能过剩时期，因为一些自身的优势，他们尚能在维持中求得发展。但有一段时间，一些员工的思想受到外部一些信息的冲击，产生了对高管收入高的不满情绪，个别人甚至还产生了对立情绪。

为尊重民意，该鞋业公司让员工派出代表，与财务部门、外部第三方机构一起对公司的全面情况进行了调研。之后，把调研结果公之于众：

A是该公司的高管，是精英人才。他来公司已有五年，之前就在一家知名的大型企业工作，主导创新类产品的研发设计。与A情况差不多的高管还有几个，他们构成了鞋业公司的核心部分。正是这个核心部分，有效劳动量占到全公司的一半，同时，创造的价值约占到一半。

B是普通的员工。因B从业时间短，且基本工作技能没掌握，企业曾安排B学习培训过三次，从初级工到中级工，最终到高级工时，前后已经花了五年的时间。像B这样的员工在公司占大多数，客观地分析，他们的有效劳动占到全公司的一半，其创造的价值也是一半左右。

这中间的一个时期，全球经济下行导致市场萎靡，很多同行的鞋业公司或垮掉或转行。正是因为有A这样的精英们的创造性突破，才使企业健康存活了下来。

…………

这次收入风波后，在某次集体培训时，全体员工进行了岗位再认知，比对和查找的同时，又对企业的有关数据进行了汇总。结果，大家发现：原来，我们这么多人是在“剥削”优秀高管们的“剩余价值”！这时，员工们终于明白了——他们的成长都是在享受企业的带薪培训。

在一个企业中，你到底有没有“剩余价值”供企业“榨取”？相当一部分人可能没有“剩余价值”可供企业“榨取”，他们工作所创造的价值很可能少于他们获得的回报。就算是一些劳动密集型企业，企业的利润靠计件来完成，表面上看，企业的利润是靠这些普通员工一件一件地创造出来的，每一个员工都为企业的发展做出了大贡献。实际上，在市场竞争异常激烈的今天，企业能够拿到订单，不仅仅靠普通员工的工作贡献，很大可能是靠少数人的积极努力——如上文案例中鞋业公司高管们的贡献。所以说，普通员工靠计件所创造的一点“剩余价值”，有相当一部分必须支付给其他共同协作的员工。

大多数企业存在较为普遍的“二八现象”。即百分之二十的人创造了企业百分之八十的利润，但这百分之二十的人并没有拿走百分之八十的报酬。一般情况下，没有被他们拿走的这部分利润有很大比例的部分被普通员工瓜分了。也就是说，只创造了百分之二十企业利润的普通员工们拿走的报酬远远超过了对应的百分之二十利润。从这个意义上说，普通员工并不是被企业“榨取剩余价值”，而是在享受另外百分之二十员工所创造的百分之八十的劳动成果，他们在坐享企业的带薪培训。

做好当下工作比“考证”重要

十

一般而言，证书是说明人对某件事物的认识程度。实际工作做得好，已证明超过证书所定水平，还用得着去考吗？只注重考，不强调做，证书恐怕会变成“证输”。

姝终于大学毕业了，她上的是师范学院。姝不像别的同学一毕业就走上职场，姝与他们想法不同，她要多考证。父母、亲人当然是支持姝的。于是，姝靠家里资助，忙着考证。先是学了心理咨询，用一年时间考了个资格证。刚考完，她又听说会计工作好，又花了一年时间考了相关的资格证书。一想到自己将来在大城市生活，当然要学开车，于是，姝又花半年时间拿了机动车驾驶证。

几年时间一晃而过，姝听说同学某某都在公司担任了经理，某某担任了公司某个部门的部门总监……就连小学毕业的同学也自己创业，开了公司。看看自己的证书，一本又一本的，姝志得意满，心想：我也该跻身职场闯荡了。

姝先在一家公司做财务工作。会计这职业，不做不知道，一做吓一跳。之前，学书本上的知识，只记着相关概念就行，考试过了，就发证；但现在是实实在在的一大堆数据，密密麻麻，看得人头皮发麻。姝只好硬着头皮做，两个月下来，账目一塌糊涂。结算时，账目对不上。好不容易条目对上了，却有几万元的资金找不到开销的项目。姝实在想不出错在哪里了，最后，她倒贴了一些工资进去。唉，忙活半天不说，工资还倒贴，这工作不能干了！

好在是师范学院毕业的，姝决定干老本行，对，去当老师。于是，姝又去一所学校任教。一上讲台，看到满教室的学生，姝就紧张起来，之前备好的课也不知从何讲起。按理说，大多数人一阶段后就会适应的。可是，姝总是沉浸在书本中，自己对学习有股劲头，也有些方法；但一面对学生，无论如何也教不好，满腹的知识怎么也倒不出来。学生一上姝的课，因为她讲得枯燥，学生都不爱听，总是乱哄哄的，课堂纪律非常差。学生考试成绩公布后，她带的班的成绩在年级里是最差的。这还不算，由于学生经常在姝上课时打闹，以至于家长都直接向学校领导反映，要求更换老师。学校没办法，最终辞退了不能胜任的姝。

一路不顺的姝在职场中四处碰壁。她想自己不是有个心理咨询师的证吗，就去应聘做了心理咨询师，但她根本不能胜任这份工作。姝心理压力很大，说话总是颠三倒四的，致使来咨询的人倒把她看成有精神分裂症的患者了。

…………

当今社会，在相关利益方的鼓吹、推波助澜下，很多人热衷于“考证”。他们认为多张证书多条路。找工作时喜欢把证书拿出来当筹码，显示自己这个会，那个也会；也有的人考取证书以后觉得自己长本事了，有的跳槽，有的与公司谈判——要求加薪。这是许多人喜欢做的事情。实际工作中，证书多有用吗？未必！证书多没有用，工作能力才是最重要的。“证”能不能代表“艺”实在不好说，很多的证书可能就是某些机构谋利的工具。社会上的商人们利用人们的这种普遍心理，引导人们的需求，各种“考证”培训班五花八门，“天价培训”等负面新闻层出不穷。其实，大多数证书只要肯下“死功夫”，基本能拿到。至于拿到这个证书对个人会有多大用处，对工作有无帮助，还得另当别论。因此，千万不能逢证必考！

多“考证”，以备不时之需，说不定什么时候能用上。这种逻辑实在有些荒唐。试问一个做市场策划的人，考个厨师证、营养师等证书对你目前的工作会有帮助吗？只能是浪费人力、物力、财力，这种浪费才是最可耻的。与其把时间与精力投入到对自己职业发展没有帮助的地方，还不如努力做好现在的工作，脚踏实地，努力向前。

职场人士最好的考场是职场，是每天做的工作。用心把每天的事情做好，就是考试，工作做好就是满分。即使不考试，即使你没有这个证书、那个证书，但你得具备相应的工作能力。例如，某企业招聘，A没“证”，但有工作能力；B有“证”，但只是“纸上谈兵”，试问领导会用哪个人呢？

香港首富李嘉诚没文凭，比他事业有成的有几个？霍英东只有小学文化，在商界能有几人与之匹敌？霍英东扎实苦干一辈子，其人其事足以证明“努力做事、做好工作，比什么都重要”。

知识有用，证书要考，但这都是要为实际工作服务的，是居于服从地位的。有当然好，无也不会没有立足之地。作为职场人士，真的不能舍本求末，努力做好现在的工作远比“考证”重要。

有些事只可意会

在头上敲三下，孙悟空明白三更天去找师父学技艺，结果学得一身本事。规则无处不在，有些事只可意会，不可言传。

某公司财务部老主任退休后，只剩下A、B、C三个会计了。A资格老、业务熟，是个“老财务”。B和C虽然年轻，但两个小伙子的业务能力也不在A之下。正赶上公司换了新经理。新官上任，火势很猛，而三个会计关心的倒是谁能当上财务部的主任。

这天，C刚去税务局报税，新经理就推开财务部的门。A和B立即起立，让座。

新经理笑了笑，将一沓票据放在B的桌上。

B拿过票据一看，全是白条子。“这是白条子，不能报的！”B认真地说。

“怎么不能报？这都是为公司办事儿花的钱嘛。”

新经理的脸“晴转多云”。

“这，这没法下账的——再说，财务制度您也是知道的。”B的态度很坚决，伸手将票据推给了新经理。

“给我吧。”A笑着伸手抓过了票据。

“啪啪啪啪”，算盘一阵山响。之后，A将填好的票签和钱交给新经理。新经理的脸这才“多云转晴”。

没过几天，新经理又拿了一沓票据走进财务部。A 、B、C三人立即起立，让座。

新经理笑了笑，将票据放在C的桌上。

C拿过票据一看，全是白条子，每张条子上都有新经理的签字。

“总经理您先忙着，回头我给您送办公室去。”C认真地说。

“好。”新经理笑着转身走出财务部。

C翻看着白条，过了好一会儿，C拿着票据走出了财务部。回来时，脸上的表情却是淡淡的。

“票据呢？”B问。

“退回去了——都是白条子，报不了。”C轻描淡写地说。

A笑了：“唉！你们啊……”

A看看两个年轻人，摇了摇头。

几天后，公司公布了财务部人员变动情况：C担任财务部主任;A调到成品车间工作；B还是会计。

有人不解，私下问新经理个中缘由，答复是：不讲原则的人，不能用；只讲原则的人，不能重用；既讲原则又讲方法的人——重用。

各行各业都有自己的规则，那企业里的职场规则呢？它犹如交通信号灯里的黄灯，介于红绿灯之间，是指看不见的、没有明文规定的却又被大家广泛认同且实际起作用的一种规则。在企业里，遵守制度固然重要，而读懂职场规则的人才能活得自由自在，才能更好地发展。

在企业里，我们既要努力工作，又要参透隐藏于其中的那些职场规则，并且慢慢地将它们运用到工作中去。那么，企业中都有哪些职场规则呢？

不要完全相信一切以工作业绩来说话、对事不对人。要知道，在企业里工作，除了埋头苦干外，还处理好人际关系，要与上司、下属、同级同事以及内外部客户等许多人建立融洽的工作关系，也就是所谓的了解组织架构并具影响力。想要成为职场的成功者，苦干（做事）、巧干（做人）缺一不可。

要脱颖而出，做事有自己的主见，不随波逐流。发光要趁早，至少要让别人以为你行，而不是不行。每次会议，要勇于表达自己的观点，一来强迫自己认真开会，勤于思考；二来慢慢养成在众人面前发言的习惯，给领导、同事留下良好的印象。这样，关键时刻到了，领导才会对你委以重任，给你施展才华的机会。切不可会后或者是下班后与同事挤在一起“嚼舌根”，这种人是领导最反感的。

不参加任何的小团体。有句古话说——君子之交淡如水，在职场中，人们要保持这种刚刚好的状态。凡事以工作为重，在工作中应该做到“一碗水端平”。

不要鄙视企业中的一些既成事实，更不要不屑于企业中的规则——它只是让你在职场中得以生存并顺利发展下去的工具而已。工具没有好、坏之分，只是用的人不同或者用的目的不同，导致的结果才有好、坏之分。当你在职场中遭受了一次又一次的挫折和重创之后，就会慢慢领悟出其中的真谛。

找个像师傅一样的领导

十

师傅并非师父，教授的都是技能、技术，当然，传给的是真本事。领导一抓一大把，悉心传授你真本事的有几个？找对了人，千万要珍惜。

M汽车公司是一家大型汽车企业，年轻的“海归”飞是个新技术员。自从他做了汽车技术的研究后，对发动机产生了浓厚的兴趣。

面对汽车产业的激烈竞争，M公司决定寻求一个突破：大幅改善发动机的性能。这样的技术课题自然是交给技术部，之后就自然交给兴趣、技术都具备的飞，由他来做。

为破解这一技术难题，飞查阅了关于汽车方面的最新前沿资料，整整在车间里工作了两个月。在这段时间里，飞不停地做模型、车部件、测效果，翻来覆去地修改再修改，他像着了魔似的。两个月时间过去了，进展却不大。

正当飞困惑、无从突破时，出国参加技术交流的老师傅也是公司副总经理的徐总工程师回来了。徐总工程师在业界名气不小，拿过几次大奖，又是公司领导，被外界誉为“科技拔尖”的人才。年轻的飞不失时机，急忙去拜访徐总工程师，虚心请教，把课题任务、自己目前的工作情况及遇到的难题等都做了详尽说明。言辞之间，表现出年轻人少有的谦卑与好学。

徐总工程师作为汽车技术方面的行家，其成绩、经验当然是不用提了，一个字：强！看到新技术员飞的认真和刻苦，徐总工程师知道他虽没解决这个难题，但足见他的热情和才能，再加上自己就是公司领导，所以，徐总工程师决定也参与到这件事情中，帮助这个年轻人突破难关。

由徐总工程师做主，二人重新设置了任务目标，重新修订了飞最初定的动力方面的技术指标等。在不断设计、实验、修改的过程中，徐总工程师还调动了他的所有资源来为这项工作提供助力，包括国际方面的专家也提供了一些有价值的数据。这让飞大开眼界：原来汽车动力配置方面还有这么多学问。徐总工程师“手把手地带，不辞劳苦地教”，让飞既感动又佩服。

经过一年时间的攻关，这项先进水平的技术项目终于大功告成，投入生产，飞也成了徐总工程师的得意弟子。

因贡献突出，飞被提拔为技术部经理；与此同时，他的技术水平也达到了一个相当高的地步。

在21世纪的今天，企业对员工技能水平的要求也是越来越高，这就使企业员工的工作技能学习成了常态。年轻人走上工作岗位后要加紧对自己职业技能方面的专业学习，加紧这方面的锻炼和培训。作为企业来讲，技术工人的成长往往就是两个途径，一个是传统的“传帮带”，还有一个就是外部职业培训机构的职业技术培训。实际上，即使是从专业学校培养出来的学生，他们走上工作岗位后仍然要经过“传帮带”这样一个环节，因为只有经过这样一个环节，才能够适应工作岗位的需要。俗话说：师傅领进门，修行靠个人。这是师傅带徒弟，往往发生在车间、工厂里。

在办公室里，上司与下属各做各的事情，领导只是和你说要达成的绩效目标。至于怎么做，领导一般则不会跟你明说，这里面可能有一些原因：害怕被取代，怕你抢他的饭碗；再则，公司也没规定让领导把几十年的经验“传”给下属；另外，即使领导有此想法，下属没有，也听不进去。由此，很多领导只是纯粹的领导者，能少说绝不多说。但是，如果你是好学、上进的下属，就会避开并解决一些不利的情况，付出一番功夫，使领导成为师傅。那么，领导和师傅又有什么区别呢？一般情况下，下属与领导是层级关系，没多少私人感情，它是一时的关系；大多师傅与徒弟之间的感情是一生的，师徒关系意味着一种传承，因而教必真教，并毫无保留。

如果有一个师傅，有他教你，至少可以减少自己无谓的探索，少走几年的弯路。找个像师傅一样的管理者，一定要靠自己下工夫找。如果找到并用自己的真诚打动“师傅式管理者”，其应该会把自己的真本事毫无保留地传授给你。如果这样的“师傅式上司”愿意的话，还会把日积月累的“压箱底绝活”传授给你。自然而然，面对同一个问题，你就会比别人看得更透、做得更好。也就是说，你用很短的时间把“师傅式上司”职场工作几十年的经验都吸收了。

曾经有一位知名记者在回忆他的成长之路的时候是这样说的：我真的庆幸自己是从夜班编辑岗位上真正开始走上新闻道路的，尽管最初我觉得夜班很苦。但是，虽苦犹甜，在繁忙的工作间隙，有机会听到值班总编辑、副总编辑讲述他们多年职业生涯的酸甜苦辣、荣辱得失。正是从他们的故事中，我渐渐明白如何成为一名好编辑的。

有句话说得好：读万卷书不如行万里路，行万里路不如阅人无数，阅人无数不如高人指路。在职场上，找个“师傅式的上司”，一起来成就你的美好前程吧！

要学会颠覆自我

十

凤凰浴火一定痛苦，但却因此重获新生。翩翩起舞的蝴蝶，用美丽装扮了天空；但如果没有那破茧而出的一刻，恐怕它早在蚕茧里窒息而亡了。先告别过去，后走向未来。

咏希是较早投身商海的，靠自己的一支如花妙笔闯荡大江南北。

有写作专长的咏希，最初只是给一些杂志写些文章。几年过去，他在业内也混得很熟，很多刊物都主动向他邀约稿件，咏希也自有一番惬意。就在咏希稍有成就感的时候，他忽然发现一个新事物——互联网出现了。咏希想：文章、刊物如果能放到互联网上，既快捷，又实用，尤其是大大方便了读者及用户。能不能在互联网的“高速公路”开个门户，让自己的客户进来，通过他们再介绍新的客户，大家通过网页交流、学习，并完成文章的订购和买卖呢？

考虑成熟后，咏希说干就干。两个月后，咏希的文化传媒网站面世了，美观、新颖的画面，丰富、新颖的内容，超大容量的专栏，特别是网站简捷、便宜、时效快的优势迅速地使其赢得了大批客户。咏希及他的网站随之声名鹊起。

几年之后，整个新闻出版界的纸质期刊、杂志等销量大幅下降。业内盛赞咏希的“华丽转身”，其人其事也在业内广传。

十几年时间不算短。随着智能手机的广泛运用，互联网由PC端“移情”到手机端，咏希又捕捉到了这个新的机遇。

通过对年轻人的工作、生活的分析和研究，咏希发现，现在年轻人的价值观明显不同以往，他们的生活、学习以及消费方式也大有改变。“看来，手机等智能终端边玩边学、边创业边消费的时代已经来临了。”于是，咏希新的自媒体诞生了。咏希与其他同时代的弄潮儿又一起站在了时代的风口浪尖……

回顾以往两个阶段的转变时，咏希笑谈：我只是变了两次，比起孙悟空的七十二变，还差得远呢。

蝴蝶用一次次的破茧而出，迎来了烂漫起舞的春天。生物这样，人也亦然。人要敢于反省自身，敢于否定自己。如果发自内心地认同并实现自我颠覆，才会与未来持续进步的节奏合拍。

自我颠覆是无止境的，就如活到老、学到老一样，陪伴我们终身。人是这样，企业更是如此。美国有一个生产牙膏的公司，产品优良，包装精美，深受广大消费者的喜爱，营业额蒸蒸日上。记录显示，该公司创立的前十年的年营业额增长率为百分之二十左右，董事会成员个个笑逐颜开。不过，该公司的业绩增长态势在随后的三年里则停滞下来，每个月维持同样的数字。董事会成员对该公司这三年的业绩非常不满，便召开全国经理级高层会议，以商讨对策。会议中，有名年轻的经理站起来，说出了一个出人意料的办法，总裁马上下令执行。结果，该公司创立的第十四年的营业额增长了百分之五十，原因就是那位经理出人意料的办法收到的奇效。这个办法就是将原有的牙膏开口扩大一毫米。

当我们面对新知识、新事物或新创意时，千万别将思想密封，置之于后。正确的做法是应该将思想打开“一毫米”，接受新知识、新事物。也许，一个看似荒诞的创意能让我们获得不少启示，从而改进业绩，改善生活。

颠覆自我是一种武器，也是一种精神。今天我们的自我颠覆，必定是明天成功胜出的先决条件。无论你是在创业还是一名普通的“上班族”，只有不断地进行自我颠覆，才会有真正的进步。

【后记】

成就不普通的人生

风过墨香，掩卷沉思。

看完这本书，读者朋友也许会心绪起伏。职场即是人生，我们多少曼妙的青春时光都是在不经意的一朝一夕间投射于此。转眼，匆匆岁月已过，收获却少之又少，与当初的期冀相去甚远。这是为什么呢？概括起来，无非是没弄明白下面的三组关系。

小事与大事

可能有人会认为：你书中说的这些事情都是鸡毛蒜皮的小事情，没什么看头。实则不然，把每件小事做好，你就可以成就大事。日常生活、平日工作，务实的人处理好每件琐碎的事情，不放过每一个细节，方能成就卓越的自己。

知道与做到

也会有人说：杨老师，你说的这些道理我都知道。事实上，道理很多人可能都知道，因为领导或长辈天天在谈。殊不知，知道道理的，但未必懂得隐藏在道理背后的深层含义。即使你懂得了隐藏在道理背后的含义，也不一定能做到。“知道”是仅存于大脑的，没有力量；“做到”才是落到实处，才有力量。

聪明与智慧

还可能有读者朋友这样说：本想通过本书找到职场捷径，但杨老师给的方案虽然与众不同，但成本过“高”，大多数人不会这么做。

通往成功的路上布满荆棘，越找捷径，就越没路子。信息大爆炸时代，充斥着我们耳目的往往是一些“术”层面的雕虫小技，大多数人在迷信这些雕虫小技时往往会迷失了前进的方向，甚至舍本逐末，终究一事无成。恰恰相反，那些在某一个领域里的真正精英总是目标坚定，靠过人的毅力披荆斩棘、独占鳌头。成功无捷径，这条道路成本“高”在：虽难走，但不拥堵；虽漫长，却并非弯路。这才是高人之处，大智慧所在。

成功无定式，大多数人都认同的方法对每一个个体的人来说，未必真的管用。不走寻常路的人往往会异军突起，成就不普通的大事业，成就不普通的人生。

最后，感谢所有支持和关注我的朋友，阅读、写作、分享知识之路因为有你们的陪伴而更加光明、温暖，我们一路同行。在写作此书时，我参照了一些网络资料，得到过一些朋友的帮助，在此一并表示衷心的感谢！

本书是“职场那些事儿”系列图书的第一本，精彩还在继续……

2017年5月

图书在版编目（CIP）数据

职场那些事儿．① / 杨斌著．-- 北京 : 企业管理出版社，2017.12

ISBN 978-7-5164-1556-6

Ⅰ．①职… Ⅱ．①杨… Ⅲ．①成功心理—通俗读物 Ⅳ．① B848.4-49

中国版本图书馆 CIP 数据核字（2017）第 169237 号

书　　名：职场那些事儿.①
作　　者：杨　斌
责任编辑：宋可力
书　　号：ISBN 978-7-5164-1556-6
出版发行：企业管理出版社
地　　址：北京市海淀区紫竹院南路 17 号　　邮编：100048
网　　址：http://www.emph.cn
电　　话：编辑部（010）68416775　　总编室（010）68701719
　　　　　发行部（010）68701816
电子信箱：qyg1002@sina.com
印　　刷：北京盛通印刷股份有限公司
经　　销：新华书店
规　　格：710mm×1000mm 1/16 13.5 印张　119 千字
版　　次：2017 年 12 月第 1 版　2017 年 12 月第 1 次印刷
定　　价：59.00 元